天然气采输作业 硫化氢防护

中国石油西南油气田公司
重庆安全工程学院 组编

易俊 王以朗 朱俊 谢代安 编著

西南师范大学出版社
SOUTHWEST CHINA NORMAL UNIVERSITY PRESS

国家一级出版社 全国百佳图书出版单位

图书在版编目(CIP)数据

天然气采输作业硫化氢防护/易俊等编著.—重庆:西南师范大学出版社,2010.3
ISBN 978-7-5621-4862-3

Ⅰ.天… Ⅱ.易… Ⅲ.天然气开采—硫化氢—防护
Ⅳ.TE38

中国版本图书馆 CIP 数据核字(2010)第 032086 号

天然气采输作业硫化氢防护

易　俊　王以朗　朱　俊　谢代安　编著

责任编辑:胡秀英　杨景罡
封面设计:戴永曦
版式设计:戴永曦
出版发行:西南师范大学出版社
　　　　　(重庆·北碚　邮编400715)
网　　　址:www.xscbs.com
经　　　销:新华书店
印　　　刷:重庆升光电力印务有限公司
开　　　本:787mm×1092mm　1/16
印　　　张:7.25
字　　　数:143千字
版　　　次:2010年3月第1版
印　　　次:2010年3月第1次印刷
书　　　号:ISBN 978-7-5621-4862-3

定价:15.00元

前 言

　　全世界各大产油国几乎都含有硫化氢气藏。据统计,美国南得克萨斯气田的硫化氢含量高达 98％,加拿大阿尔伯达气田的硫化氢含量为 81％,俄罗斯、伊朗、法国等国都有不同硫化氢含量的气田。因此,含硫化氢气藏的开发已成为天然气开采的重要组成部分。我国也有不少气田都含有硫化氢气体,部分气田硫化氢含量极高,如川东卧龙河气田三迭系气藏的最高硫化氢含量达 32％,河北赵兰庄气田硫化氢含量达 92％。还有一些气田不仅硫化氢含量较高,还含有二氧化碳等气体。

　　硫化氢是天然气集输过程中常见的有毒有害气体,其毒性主要作用于人体中枢神经系统和呼吸系统。硫化氢具有分布广、毒性大、发生中毒事故比例高等特点,因此我们必须高度重视采输作业硫化氢的防护。

　　本教材是为了做好硫化氢中毒事故的预防工作而编写的。本书分为六章,第一章硫化氢的危害、第二章采输作业中硫化氢危害因素分析、第三章天然气采输作业硫化氢防护、第四章急性硫化氢中毒的急救、第五章硫化氢检测与防护设备、第六章硫化氢安全应急管理,全书最后还附有典型案例。

　　硫化氢环境相关工作人员应了解硫化氢的分布,熟知预防硫化氢中毒的基本知识,正确使用硫化氢防护器材及检测器具,掌握现场急救常识并能熟练应用。

　　本教材主要用于对天然气采输作业员工的培训,也可作为相关工作人员的学习手册、参考资料。

　　本教材在编写过程中,得到了西南油气田公司安全环保处的大力支持和专家们的热情帮助。由于时间仓促,水平有限,难免存在错误及不足之处,恳请广大读者批评指正。

编者

目 录

第一章　硫化氢的危害

我国现已开发的油气田不同程度地含有硫化氢气体,有的含量极高。至 2007 年底,我国累计探明高含硫天然气储量已超过 $7000×10^8 m^3$,约占探明天然气总储量的 1/6,主要分布在四川盆地川东北地区和渤海湾盆地,如普光、罗家寨、渡口河气田和赵兰庄气田,含硫化氢气田约占已开发气田的 78.6%,其中卧龙河气田三迭系气藏最高硫化氢含量达 32%,华北油田晋县赵兰庄气田硫化氢含量高达 92%。

硫化氢是一种无色、剧毒、强酸性气体,一旦高含硫化氢气井发生井喷失控等造成含硫天然气泄露,可能导致灾难性的后果。曾经,某油田的一口油井,在试油作业起电缆时发生井喷失控,高浓度硫化氢气体大量喷出,致使 7 人死亡,数百人中毒,22.6 万人大疏散。

由上面的事故可见,油气田含硫化氢天然气的意外释放事故,具有易发、频发、事故后果严重等特点。因此,了解、掌握天然气及硫化氢的基本知识、理化性质、毒理性质是预防硫化氢中毒事故的重要前提,可有效减少伤亡人数及经济损失。

第一节　天然气基本知识

天然气是指自然生成,在一定压力下蕴藏于地下岩层孔隙或裂隙中的,以低分子饱和烃为主的烃类气体和少量非烃类气体组成的低相对密度、低黏度的混合气体。天然气是一种高效优质的清洁能源,用途越来越广泛,需求不断增加。20 世纪 90 年代以来,天然气的开发利用在世界能源结构中稳步上升,我国对天然气的开发和利用也不断增加。

一般而言,常规天然气中甲烷占绝大多数,乙烷、丁烷、戊烷、庚烷以上的烷烃含量极少。此外,还含有少量的非烃气体,主要有硫化氢、二氧化碳、一氧化碳、氮气、氢气和水蒸气,以及硫醇、硫醚、二硫化碳、羟基硫、噻吩等有机硫化物,有时也含有微量的稀有气体,如氦、氩等。大多数天然气还存在微量的不饱和烃、如乙烯、丙烯、丁烯等。

一、天然气的分类

国内外学者从地质勘探角度,根据气体中硫化氢的含量提出了不同标准的分类方案。

从天然气净化和处理角度出发,根据不同的原则,有以下几种天然气的分类方法。

(一)按生成条件分类

1. 生物气

在尚未固结成岩石的现代沉积淤泥中,有机质在细菌的作用下,可生成以甲烷为主的天然气,俗称沼气。

2. 早期成岩气

沉积物中的有机质在其埋藏深度尚未达到生成石油深度以前,一部分腐殖型的有机质即可开始生成甲烷气。

3. 油型气

有机质进入生成石油深度以后,除大量生成石油外,同时也伴随着生成天然气。随着埋藏深度的不断增加,生成的天然气也逐渐增加,而生成的石油却逐渐减少,直到生成的全部都是干气,即甲烷气时,就停止了生油。

4. 煤层气

含有煤层的沉积岩层叫做煤系地层,煤层气就是指煤系地层在时间和温度的作用下生成的天然气,其主要成分是甲烷。从找油来说,煤层气不是勘探对象,但从寻找可燃气体为能源来说,煤层气也不应忽视,因为使用的手段、方法和形成气藏的地质条件大体都和找油、找油型气一样。

5. 无机成因的天然气

由火成岩或地热所产生的气体,如二氧化碳、甲烷、硫化氢等。

(二)按天然气的烃类组成分类

1. C_5 界定法——干、湿气的划分

干气:压力为 0.1MPa,20℃ 条件下,$1m^3$ 井口天然气中 C_5 以上烃液含量低

于 13.5cm³ 的天然气。

湿气:压力为 0.1MPa,20℃ 条件下,1m³ 井口天然气中 C_5 以上烃液含量高于 13.5cm³ 的天然气。

2. C_3 界定法——贫、富气的划分

贫气:每 1m³(标准状态下)井口流出物中,C_3 以上烃液含量低于 94cm³ 的天然气。

富气:每 1m³(标准状态下)井口流出物中,C_3 以上烃液含量高于 94cm³ 的天然气。

3. 按酸气含量分类

按酸气含量多少可把天然气分为酸性天然气和洁气。

酸性天然气是指含有显著量的硫化物和二氧化碳等酸性气体,需要进行净化处理才能达到管输标准或商品气气质标准的天然气。

洁气是指硫化物含量甚微或根本不含硫化物的天然气,不需要净化就可外输和利用。

由此可见酸性天然气和洁气的划分采取了模糊的判断依据,而具体的数值并无统一的标准。在我国,由于对二氧化碳的净化要求不严格,一般将硫含量为 20mg/m³ 作为界定指标,把硫含量高于 20mg/m³ 的天然气称为酸性天然气,把酸气含量高至一定程度的天然气称为高酸性天然气,否则为洁气。

二、天然气的性质

(一)密度与相对密度

在标准状态下,天然气相对密度一般为 0.5～0.7;油田伴生气因重组分含量较高,相对密度可能大于 1,但绝大部分天然气均比空气轻。

(二)含水量和水露点

单位体积的天然气中所含水蒸气的质量称为天然气的含水量,单位为"g/m³"(标准状态下)。在一定的温度和压力下,一定体积的天然气所含的水蒸气量存在一个最大值。当含水量等于最大值时,天然气中的水蒸气达到饱和状态。饱和状态时的含水量称为天然气的饱和含水量。

在一定条件下,与天然气的饱和含水量对应的温度值称为天然气的水露点。含水量与温度和压力有关,在一定条件下,当含水量超过一定值(饱和)时,则形成水合物,会堵塞管道或压力表测压孔等。另外,液态水的存在,会加快管线腐蚀,故必须控制含水量。《天然气》(GB17820－1999)规定,气田油田采出经预处

埋后通过管道输送的商品天然气,在天然气交接点的压力和温度条件下,天然气的水露点应比最低环境温度低5℃。

(三)热值

天然气的热值是其重要的热力学特性,广泛应用于科技及工程领域,在经营管理方面,同样具有十分重要的作用。一些发达国家均以燃气的热值作为销售定价的基础数据。一方面,政府通过立法监督燃气的热值,确保各类品种的燃气热值稳定;另一方面,各类用户都以燃气的热值作为生产成本计算的依据。因此,各发达国家在燃气应用方面都精确地控制燃气的热值,其政府也制定和颁布了该国的燃气热值标准计算方法。

我国由于历史原因一直以低热值作为燃气应用和计算的指标,城市燃气销售长久以来则一直以流量为基础,气价基本以低热值作参照制定。各类企业和商业行业用户,在成本管理的过程中也没有引入或建立以热值为基准的热平衡模式。《天然气》(GB17820－1999)只规定了天然气的高位发热量应大于$31.4MJ/m^3$。

(四)着火温度

可燃气体与空气混合物在没有火源作用下被加热而引起自燃的最低温度即为着火温度。按照谢苗诺夫(Semenow N.)的理论,着火温度不是可燃混合物的物理常数,它与混合物和外部介质的换热条件有关。可燃气体在氧气中的着火温度一般比空气中的着火温度低50℃～100℃。天然气在空气中的最低着火温度约为530℃,天然气的着火温度取决于其在空气中的浓度,也和天然气与空气的混合程度、压力、炉膛的尺寸以及天然气、空气的温度等因素有关。

(五)爆炸极限

可燃气体在空气中的浓度达到一定比例范围时,遇火源就会发生燃烧或爆炸,这个比例范围就称为爆炸极限。天然气的爆炸极限分为爆炸上限和爆炸下限。

当天然气中CH_4的含量大于95%时,天然气的爆炸浓度极限可直接选取CH_4的爆炸极限,为5.0%～15.0%。

三、含硫天然气分布情况

高含硫天然气全球资源量巨大,据统计,仅北美以外地区的硫化氢含量大于10%的天然气储量就超过$9.8×10^{12}m^3$,二氧化碳含量大于10%的天然气储量超

过 $18.23×10^{12}m^3$。目前,全球已发现 400 多个具有工业价值的高含硫气田,主要分布在加拿大、美国、法国、德国、俄罗斯、中国等国家和中东地区。

加拿大是高含硫气田较多的国家,其储量占全国天然气总储量的 1/3 左右,主要分布在落基山脉以东的内陆台地。阿尔伯达省有 30 多个高含硫气田,天然气中硫化氢的平均含量约为 9%。如卡罗琳气田,硫化氢和二氧化碳含量分别为 35% 和 7%;卡布南气田,硫化氢和二氧化碳含量分别为 17.7% 和 3.4%;莱曼斯顿气田,硫化氢和二氧化碳含量分别为 5%～17% 和 6.5%～11.7%;沃特棠气田,硫化氢和二氧化碳含量分别为 15% 和 4%。这 4 个气田是加拿大典型的高含硫化氢和二氧化碳气田,探明储量近 $3000×10^8m^3$。

俄罗斯气田中含硫天然气探明储量接近 $5×10^{12}m^3$,主要集中在阿尔汉格尔斯克州,分布于乌拉尔－伏尔加河沿岸地区和滨里海盆地,其中,奥伦堡气田可采储量近 $1.84×10^{12}m^3$,气体组分中硫化氢和二氧化碳含量分别为 24% 和 14%。

此外,美国、法国和德国等气田都探明有高含硫气田,典型的大型高含硫气田有美国的特尼谷卡特溪气田,探明天然气储量近 $1500×10^8m^3$;法国的拉克气田,探明天然气储量近 $3226×10^8m^3$;德国的南沃而登堡气田,探明天然气储量近 $400×10^8m^3$。

我国含硫天然气资源十分丰富,至 2007 年底,累计探明高含硫天然气储量已超过 $7000×10^8m^3$,约占探明总储量的 1/6,主要分布在四川盆地川东北地区和渤海湾盆地,如普光、罗家寨、渡口河气田和赵兰庄气藏等。

第二节　硫化氢的理化性质

一、硫化氢的浓度及相关概念

(一)硫化氢浓度单位

描述某种流体中的硫化氢浓度有以下三种方式。

1. 体积分数

硫化氢在某种流体中的体积比,单位为"%"或"mL/m^3",现场所用硫化氢监测仪器通常采用的单位是"ppm",$1ppm=1mL/m^3$。

2. 质量浓度

硫化氢在单位体积混合物中的质量,常用"mg/m^3"或"g/m^3"表示,该单位为我国的法定计量单位。

3. 硫化氢分压

在相同温度下,一定体积天然气中所含硫化氢单独占有该体积时所具有的压力。

(二)单位之间的换算关系

在 20℃下,1‰＝14414mg/m³,1ppm＝1.4414mg/m³。

硫化氢分压＝硫化氢体积分数(‰)× 总压力。

为了换算的方便,一般将这个关系取整为 1ppm＝1.5mg/m³。这样就将国外相关标准的 10ppm 表示为 15mg/m³,20ppm 表示为 30mg/m³。

(三)相关概念

1. 含硫化氢天然气

指天然气的总压等于或大于 0.4MPa,而且该天然气中硫化氢分压等于或大于 0.0003MPa;或硫化氢含量大于 75mg/m³(50ppm)的天然气。

2. 酸性天然气－油系统

含硫化氢天然气－油系统是否属于酸性天然气－油系统按有关条件划分。

(1)当天然气与油之比大于 1000m³/t 时,按含硫化氢天然气的条件划分。

(2)当天然气与油之比小于 1000m³/t 时:

若系统的总压力大于 1.8MPa,则按含硫化氢天然气的条件划分;

若系统的总压力等于或小于 1.8MPa,天然气中硫化氢分压大于 0.07MPa 或硫化氢体积分数大于 15‰时,则为酸性天然气－油系统。

(3)阈限值(threshold limit value)

阈限值指几乎所有工作人员长期暴露都不会产生不利影响的某种有毒物质在空气中的最大浓度。硫化氢的阈限值为 15mg/m³(10ppm)。阈限值为硫化氢检测的一级报警值。

(4)安全临界浓度(safety critical concentration)

工作人员在露天安全工作 8 小时可接受的最高浓度。《海洋石油作业硫化氢防护安全要求》中硫化氢的安全危险临界浓度为 30mg/m³(20ppm)。

说明:安全临界浓度,通常认为是允许的浓度,被认为所有工作人员在此浓度中暴露工作 8 小时能适应的环境,只是个别人敏感性较强,会感到不适。当人们失去嗅觉后,往往会产生错误的安全感。在有硫化氢的现场中,往往不易控制,且空气中含硫化氢的浓度有时变化是很快的,为了人员的安全和健康,采取安全防护措施是适宜的。

（5）危险临界浓度（dangerous threshold limit value）

达到此浓度时，对健康产生不可逆转的或延迟性的影响。《海洋石油作业硫化氢防护安全要求》中硫化氢的危险临界浓度为 $150mg/m^3$（100ppm）

说明：指在一定时间内，吸入此浓度的气体可导致死亡。

（6）可接受的上限浓度（ACC，acceptable ceiling concentration）

在每班 8 小时工作任意时间内，人员可以处于空气污染物低于该浓度的工作环境，但高于此时，应规定一个可承受的最高峰值和相应的时间。

（7）立即威胁生命和健康的浓度（IDLH，immediately dangerous to life and health）

有毒的、腐蚀性的、窒息性的物质，在大气中的浓度达到该浓度时，会立刻对生命产生威胁或对健康产生不可逆转的或延迟性的影响或影响人员逃生能力。

美国国家职业与健康安全协会推荐的硫化氢浓度 $450mg/m^3$（300ppm），二氧化硫 $270mg/m^3$（100ppm），氧气 16%。

（8）允许暴露极限（PEL，permissible exposure limit）

相关国家标准中规定的吸入暴露极限值。这些极限可以用 8 小时时间加权平均数（TWA）、最高限值或 15 分钟短期暴露极限（STEL）表示。PEL 可以变化，用户宜查阅相关国家标准的最新版本作为使用依据。

OSHA 推荐：20ppm 的硫化氢为可接受浓度上限，50ppm 为 8 小时中可接受的最高峰值。

ACGIH 推荐：10ppm（8 小时 TWA），短期暴露极限是 15 分钟内平均达到 15ppm。每天短期暴露不能超过 4 次，而且两次之间的时间间隔要大于 60 分钟。对于外大陆架的油气生产操作，瞬间的暴露值超过 20ppm 时，要求使用符合美国内务部的矿业管理最终规定。

（9）呼吸区（breathing zone）
肩部正前方，直径在 $15.24 \sim 22.68cm$（6～9in）的半球形区域。

（10）封闭设施（enclosed facility）
说明：一个至少有 2/3 的投影平面被密闭的三维空间，并留有足够尺寸保证人员进入。对于典型建筑物，意味着 2/3 以上的区域有墙、天花板和地板。

（11）不良通风（nadequately ventilated）
通风（自然或人工）无法有效地防止大量有毒或惰性气体聚集，从而形成危险。
说明：这里指不良通风造成硫化氢浓度达到或超过 $15mg/m^3$（10ppm）。

（12）就地庇护所（shelter-in-place）
让居民待在室内直至紧急疏散人员到来或紧急情况结束，避免暴露于有毒气体或蒸气环境中的公众保护措施。
说明：有害化学气体扩散后可能造成损害，指定就地庇护所让受到硫化氢泄漏威胁人员临时性地停留在里面,等待救援。

二、硫化氢的理化性质

(一)硫化氢危险、有害特性表

硫化氢理化性质及危险有害特性如表 1-1 所示。

表 1-1   硫化氢危险、有害特性表

	中文名	硫化氢	英文名	Hydrogen sulfide
标识	化学式	H_2S	分子量	34
	ICSC 编号	0165	IMDG 规则页码	2151
	CAS 号	7783—06—4	RTECS 号	MX1225000
	UN 编号	1053	危险货物编号	21006
	EC 编号	016—001—00—4		
理化性质	外观与性状	无色有臭鸡蛋味气体。		
	溶解性	易溶于水、醇类、石油溶剂和原油中。		
	主要用途	用于化学分析,如鉴定金属离子。		
	熔点(℃)	−85.5	相对密度(水=1)	无资料
	沸点(℃)	−60.4	相对密度(空气=1)	1.19
	饱和蒸汽压(kpa)	2026.5(25.5℃)		
	临界温度(℃)	100.4	临界压力(MPa)	9.01
毒性及健康危害	接触限值	中国 MAC	10mg/m³	
		前苏联 MAC	10mg/m³	
		美国 TWA	OSHA 20ppm,28mg/m³[上限值]; ACGIH 10ppm,14mg/m³。	
		美国 STEL	ACGIH15ppm,21mg/m³	
	侵入途径	吸入,经皮吸收。		
	毒性	LC_{50}:444ppm(大鼠吸入)		
	健康危害	硫化氢为强烈的神经性毒物,对黏膜有强烈的刺激作用。 高浓度时可直接抑制呼吸中枢,引起迅速窒息而死亡。 长期接触低浓度的硫化氢,引起神衰征候群及神经紊乱等症状。		

（续表）

燃烧性	易燃	建规火险等级	甲
闪点（℃）	<－50	爆炸下限（V％）	4.3
自燃温度（℃）	260	爆炸上限（V％）	46.0
稳定性	稳定	燃烧产物	二氧化硫
禁忌物	强氧化剂、碱类	聚合危害	不会出现

燃烧爆炸危险性	危险特性	与空气混合能形成爆炸性混合物，在爆炸极限范围内遇明火、高热能引起燃烧爆炸。 若遇高热，容器内压增大，有开裂和爆炸的危险。
	腐蚀性	硫化氢溶于水后形成弱酸，对金属的腐蚀形成有电化学腐蚀、氢脆和硫化物应力腐蚀开裂，以后两者为主，一般统称为氢脆破坏。 一般性的均匀腐蚀材料在硫化氢水溶液中发生电化学腐蚀，生成硫化铁腐蚀产物，这种腐蚀产物具有导电性能好、氢超电势小等特点，继而使基体构成一个十分活跃的电池，对基体继续腐蚀，此腐蚀产物和基体结合力差，易脱落，造成钢材减薄。 根据美国腐蚀工程师协会 MR－01－75 标准或《天然气地面设施抗硫化物应力开裂金属材料要求》（SY0599－1997），如果含硫天然气总压等于或大于 0.448MPa，硫化氢分压等于或大于 0.343kPa，就可能发生硫化物应力腐蚀开裂。
	灭火方法	立即切断气源。 若不能立即切断气源，则不允许熄灭正在燃烧的气体。 喷水冷却容器，如果可能应将容器从火场移至空旷处。 采用雾状水、泡沫灭火器和二氧化碳灭火器等。

注：ICSC(International Chemical Safety Card)：国际化学品安全卡顺序号；

　　CAS(Chemical Abstract Service)：美国化学文摘对化学物质登录检索服务号；

　　UN(United Nation)：联合国《关于危险货物运输建议书》对危险货物制定的编号；

　　EC(European Community)：欧共同体《欧洲现有商业化学物质名录》中对物质的登录号；

　　IMDG(International Martitime Dangerous Goods)：国际海事组织编制的《国际海上危险货物运输规则》的危险货物信息页码；

　　RTECS(Registry of Toxic Effects of Chemical Substances)：美国毒物登记系统注册登记号。

（二）硫化氢分解性和燃烧性

（1）硫化氢在较高温度时，直接分解成氢气和硫。

$$H_2S = H_2 + S$$

（2）硫化氢化学性质不稳定，是一种可燃气体，点火时能在空气中燃烧。在空气充足的条件下，硫化氢能完全燃烧，发出淡蓝色的火焰，生成二氧化硫。若氧气不足，硫化氢不完全燃烧，生成水和单质硫。

$$2H_2S + 3O_2 = 2H_2O + 2SO_2$$
$$2H_2S + O_2 = 2H_2O + 2S$$

在硫化氢中，硫处于最低化合价，是-2价，它能失去电子得到单质硫或高价硫的化合物。上述两个反应中，硫的化合价升高，发生氧化反应，硫化氢具有还原性。

硫化氢能使银、铜制品表面发黑。它与许多金属离子作用，可生成不溶于水或酸的硫化物沉淀。它和许多非金属作用生成游离硫。

第三节　硫化氢的毒性

一、硫化氢毒性简介

人吸入 LCLo：600ppm/30M，800ppm/5M；人（男性）吸入 LCLo：5700μg/kg；大鼠吸入 LC50：444ppm；小鼠吸入 LC50：634ppm1 小时。

硫化氢主要经呼吸道吸收，进入体内一部分很快氧化为无毒的硫，硫酸盐和硫代硫酸盐等经尿排出；一部分游离的硫化氢则经肺排出，无体内蓄积作用。

低浓度的硫化氢气体能溶解于黏膜表面的水分中，与钠离子结合生成硫化钠。硫化钠对黏膜产生刺激，引起局部刺激作用，如眼睛刺痛、怕光、流泪，咽喉痒和咳嗽。

吸入高浓度的硫化氢可出现头昏、头痛、全身无力、心悸、呼吸困难、口唇及指甲青紫。严重者可出现抽筋，并迅速进入昏迷状态；常因呼吸中枢麻痹而致死。

人吸入 $70\sim150mg/m^3$ 浓度的硫化氢，$2\sim5$ 分钟后嗅觉产生疲劳，不再闻到臭气，$1\sim2$ 小时出现呼吸道及眼刺激症状。

人吸入 $300mg/m^3$ 浓度的硫化氢，$6\sim8$ 分钟出现眼急性刺激症状，稍长时间接触引起肺水肿。

人吸入 $760mg/m^3$ 浓度的硫化氢，$15\sim60$ 分钟发生肺水肿、支气管炎及肺炎，头痛、头昏、步态不稳、恶心、呕吐。

吸入 $1000mg/m^3$ 浓度的硫化氢，数秒钟很快出现急性中毒，呼吸加快后呼吸麻痹而死亡。

二、硫化氢中毒的发病机制

硫化氢是一种神经毒剂,亦为窒息性和刺激性气体。其毒作用的主要靶器官是中枢神经系统和呼吸系统,亦可伴有心脏等多器官损害,对毒作用最敏感的是脑和黏膜接触部位。硫化氢对黏膜的局部刺激作用系由接触湿润黏膜后分解形成的硫化钠以及本身的酸性所引起。对机体的全身作用为硫化氢与机体的细胞色素氧化酶及这类酶中的二硫键($-S-S-$)作用后,影响细胞色素氧化过程,阻断细胞内呼吸,导致全身性缺氧。由于中枢神经系统对缺氧最敏感,因而首先受到损害。但硫化氢作用于血红蛋白,产生硫化血红蛋白而引起化学窒息,仍认为是主要的发病机理。急性中毒早期,实验观察脑组织细胞色素氧化酶的活性即受到抑制,谷胱甘肽含量增高,乙酰胆碱酯酶活性未见变化。

硫化氢对主要器官的致病机理:

(1)血中高浓度硫化氢可直接刺激颈动脉窦和主动脉区的化学感受器,致反射性呼吸抑制。

(2)硫化氢可直接作用于脑:低浓度起兴奋作用;高浓度起抑制作用,引起昏迷、呼吸中枢和血管运动中枢麻痹。因硫化氢是细胞色素氧化酶的强抑制剂,能与线粒体内膜呼吸链中的氧化型细胞色素氧化酶中的三价铁离子结合,而抑制电子传递和氧的利用,引起细胞内缺氧,造成细胞内窒息。因脑组织对缺氧最敏感,故最易受损。

以上两种作用发生快,均可引起呼吸骤停,造成电击样死亡。在发病初如能及时停止接触,则许多病例可迅速和完全恢复,可能因硫化氢在体内很快氧化失活之故。

(3)继发性缺氧是由于硫化氢引起呼吸暂停或肺水肿等因素所致的血氧含量降低,可使病情加重,神经系统症状持久及发生多器官功能衰竭。

(4)硫化氢遇到眼和呼吸道黏膜表面的水分后分解,与组织中的碱性物质反应产生氢硫基、硫和氢离子、氢硫酸和硫化钠,并对黏膜有强刺激和腐蚀作用,引起不同程度的化学性炎症反应。加之细胞内窒息,对较深的组织损伤最重,易引起肺水肿。

(5)心肌损害,尤其是迟发性损害的机制尚不清楚。急性中毒出现心肌梗死样表现,可能由于硫化氢的直接作用使冠状血管痉挛,心肌缺血、水肿、炎性浸润及心肌细胞内氧化障碍所致。

急性硫化氢中毒致死病例的尸体解剖结果常与病程长短有关,常见脑水肿、肺水肿,其次为心肌病变。一般可见尸体明显发绀,解剖时发出硫化氢气味,血液呈流动状,内脏略呈绿色。脑水肿最常见,脑组织有点状出血、坏死和软化灶等,可见脊髓神经组织变性。电击样死亡的尸体解剖呈非特异性窒息现象。

三、硫化氢安全暴露极限和毒性等级

(一)硫化氢气体的安全暴露限制

硫化氢是一种有毒气体,与它接触可以使人从极微弱的不舒适到死亡。我国石油勘探开发过程中对硫化氢的暴露制定了相应的规定,这些规定对用来保护工作人员的生命安全是十分重要的。

(1)15mg/m³(1ppm),几乎所有工作人员长期暴露在此浓度以下工作都不会产生不利影响的上限值,即阈限值。

(2)30mg/m³(20ppm),工作人员暴露安全工作8小时可接受的硫化氢最高浓度,即安全临界浓度。

(3)150mg/m³(100ppm),硫化氢达到此浓度时,对生命和健康会产生不可逆转的或延迟性的影响,即危险临界浓度。

(4)450mg/m³(300ppm),硫化氢达到此浓度会立即对生命造成威胁,或对健康造成不可逆转的或滞后的不良影响,或将影响人员撤离危险环境的能力,即对生命或健康有即时危险的浓度。

(二)硫化氢的毒性等级

表1-2　大气中硫化氢的呼吸防护标准

	空气中的浓度			暴露于硫化氢的典型特性
序号	体积百分比	百万分之体积比 ppm(V)	质量浓度(mg/m³)	
1	0.000013	0.13	0.18	通常,在大气中含量为0.195mg/m³(0.13ppm)时有明显和令人讨厌的气味,在大气中含量为6.9 mg/m³(4.6ppm)时气味显著。随着浓度的增加,嗅觉就会疲劳,气体不能通过气味来辨别。
2	0.001	10	14.41	有令人讨厌的气味,眼睛可能受到刺激。美国政府工业卫生专家联合会推荐的阈限值(8小时加权平均值)。
3	0.0015	15	21.61	美国政府工业卫生专家联合会推荐的15分钟短期暴露范围平均值。

空气中的浓度			暴露于硫化氢的典型特性
4	0.002	20	28.83	在暴露 1 小时或更长时间后,眼睛有灼烧感,呼吸道受到刺激,美国职业安全和健康局的可接受的上限值。
5	0.005	50	72.07	暴露 15 分钟或 15 分钟以上的时间后嗅觉就会丧失,时间更长可能导致头痛、头晕和(或)摇晃。超过 50ppm 将会出现肺浮肿,也会对人的眼睛产生严重刺激或伤害。
6	0.01	100	144.14	3～5 分钟就会出现咳嗽,眼睛受到严重刺激和失去嗅觉。在 5～20 分钟过后,呼吸就会变样,眼睛就会疼痛并昏昏欲睡,1 小时后就会刺激喉道。延长暴露时间将逐渐加重这些症状。
7	0.03	300	432.40	明显的结膜炎和呼吸道刺激。
8	0.05	500	720.49	短期暴露后就会不省人事,如果不迅速处理就会停止呼吸。头晕、失去理智和平衡感。需要迅速进行人工呼吸和(或)心肺复苏。
9	0.07	700	1008.55	意识快速丧失,如果不迅速营救,呼吸就会停止并导致死亡。必须立即采取人工呼吸和(或)心肺复苏。
10	0.10＋	1000＋	1440.98＋	知觉立刻丧失,而后产生永久性的脑伤害或脑死亡。必须迅速进行营救,如不立即抢救就会导致死亡或大脑的永久性损伤。

（三）我国对硫化氢危害的描述

我国对硫化氢危害的描述见表 1-3。

表 1-3　我国对硫化氢危害的描述

硫化氢（ppm）	危　害　程　度
0.13～4.6	可嗅到臭鸡蛋味,一般对人体不产生危害。
4.6～10	刚接触有刺热感,但会很快消失。
10～20	我国临界浓度规定为 20ppm,超过此浓度必须戴防毒面具。
50	允许直接接触 10 分钟。
100	刺激咽喉,3～10 分钟会损伤嗅觉和眼睛,轻微头痛,接触 4 小时以上导致死亡。
200	立即破坏嗅觉系统,时间稍长咽、喉将灼伤,导致死亡。

（续表）

硫化氢（ppm）	危 害 程 度
500	失去理智和平衡，2～15分钟内出现呼吸停止，如不及时抢救，将导致死亡。
700	很快失去知觉，停止呼吸，若不立即抢救将导致死亡。
1000	立即失去知觉，造成死亡，或永久性脑损，智力损残。
2000	吸上一口，将立即死亡，难于抢救。

第四节　二氧化硫的基本性质

一、二氧化硫的理化性质

化学名称：二氧化硫。

化学文献服务社编号：7446－09－05。

化学分类：无机物。

化学分子式：SO_2

通常物理状态：无色气体，比空气重。

沸点：－10.0℃（14F）。

可燃性：不可燃，由硫化氢燃烧形成。

溶解性：易溶于水和油，溶解性随溶液温度升高而降低。

气味和警示特性：有硫燃烧的刺激性气味，具有窒息作用，在鼻和喉黏膜上形成亚硫酸。

暴露于不同浓度的二氧化硫环境中，具有不同的表现特性，具体见表1-4。

表1-4　空气中二氧化硫危害的描述

体积分数（％）	体积比（ppm）	质量浓度（mg/m^3）	暴露于二氧化硫的典型特性
0.0001	1	2.71	具有刺激性气味，可能引起呼吸改变。
0.0002	2	5.42	ACGIH TLV 和 NIOSH REL。
0.0005	5	19.50	灼烧眼睛，刺激呼吸，对嗓子有较小的刺激。
0.0012	12	32.49	刺激嗓子咳嗽，胸腔收缩，流眼泪和恶心。
0.010	100	271.00	立即对生命和健康产生危险的浓度。
0.015	150	406.35	产生猛烈的刺激，只能忍受几分钟。

体积分数 （%）	体积比 （ppm）	质量浓度 （mg/m³）	暴露于二氧化硫的典型特性
0.05	500	1354.50	吸入一口就产生窒息感,应立即救治,提供人工呼吸或心肺复苏技术。
0.10	1000	2708.99	如不立即救治会导致死亡,应马上进行人工呼吸或心肺复苏(CPR)。

注:表中列出的值为大约值,一些出版物中给出的值会稍有不同。

二、二氧化硫的暴露极限

美国职业安全与健康局规定二氧化硫 8 小时时间加权平均数(TWA)的允许暴露极限值(REL)为 13.5mg/m³(5ppm),而美国政府工业卫生专家联合会(ACGIH)推荐的阈限值为 5.4mg/m³(2ppm)(8 小时 TWA),15 分钟短期暴露极限(STEL)为 13.5 mg/m³(5ppm)。二氧化硫的职业暴露值如表 1-5。

表 1-5　二氧化硫的职业暴露值

OSHA RELs				ACGIH TLVs				NOISH RELs			
TWA		STEL		TWA		STEL		TWA		STEL	
(ppm)	(mg/m³)	(ppm)	(mg/m³)	(ppm)	(mg/m³)	(ppm)	(mg/m³)	(ppm)	(mg/m³)	(ppm)	(mg/m³)
5	14	N/A	N/A	2	5	5	13	2	5	5	13

ACG:可承受的最高浓度。

TLV:阈限值。

REL:推荐的暴露水平限值。

TWA:8 小时加权平均浓度(不同重量计算方法见特定的参考资料)。

STEL:15 分钟内平均的短期暴露水平限值。

N/A:不适用的。

三、二氧化硫的生理影响

(一)急性中毒

二氧化硫暴露浓度低于 5.4mg/m³(2ppm),会引起眼睛、喉、呼吸道的炎症,胸痉挛和恶心。暴露浓度超过 5.4mg/m³(2ppm),可引起明显的咳嗽、打喷嚏、眼部刺激和胸痉挛。暴露于 135mg/m³(50ppm)中,会刺激鼻和喉,流鼻涕、咳嗽和反射性支气管缩小,使支气管黏液分泌增加,肺部空气呼吸难度立刻增加(呼吸受阻)。大多数人都不能在这种空气中承受 15 分钟以上。据报道,暴露于高浓度中产生的剧烈反应不仅包括眼睛发炎、恶心、呕吐、腹痛和喉咙痛,随后还会发生支气管炎和肺炎,甚至几周内身体都很虚弱。

(二)慢性中毒

报告指出,长时间暴露于二氧化硫中可能导致鼻咽炎,嗅、味觉的改变,气短和呼吸道感染危险增加。并有消息称,工作环境中的二氧化硫可能增加砒霜或其他致癌物的致癌性,但至今还没有确凿的证据。有些人明显对二氧化硫过敏。肺功能检查发现,在短期和长期暴露后功能有衰减现象。

(三)暴露风险

尚不清楚多少浓度的低量暴露或多长时间的暴露会增加中毒风险,也不清楚风险会增加多少。应尽量少暴露于二氧化硫中,应坚决阻止暴露于二氧化硫环境中的人吸烟。

思考题:

1. 从天然气净化和处理角度,天然气可以分为哪几类? 主要性质有哪些?

2. 阈限值、安全临界浓度和危险临界浓度是如何定义的,对应的硫化氢浓度是多少?

3. 简要叙述硫化氢对人体的危害。

第二章 采输作业中硫化氢危害因素分析

石油天然气勘探开发属于高危行业,而硫化氢和二氧化碳等气体的存在,大大增加了这一行业的风险。首先,在含硫天然气气田的钻井施工、采气开发、集输储运,直至最后的脱硫净化等所有生产过程中,无一不存在众多的风险因素,而硫化氢和二氧化碳等气体的泄露风险无疑位列首位,这是由于两种物质固有的危险特性所决定的。其次是环境保护方面的问题,高含硫化氢和二氧化碳的天然气,无论排入大气还是混入水中,这一重大风险始终伴随在整个天然气的生产过程中。本章主要分四节对采输作业中硫化氢的危险有害因素进行分析。

第一节 硫化氢的泄露和溢出

在含硫化氢的天然气气田勘探开发及净化过程中,发生硫化氢泄漏的方式很多,但基本是以混合气体的方式泄露出来的。造成泄露的原因较多,既有地质的原因,也有工程施工的原因,还有其他方面的原因。本节主要介绍工艺和施工作业过程中可能导致硫化氢泄漏的方式和原因。

一、集输气场站及管道有毒气体泄漏

集气、输气场站及湿气管道发生泄漏所造成的危害,并不一定小于钻井施工和井下作业油气泄漏的危害。以下逐一分析输气井站及管线等几个重点部位的主要泄漏方式及原因。

(一)井口装置泄漏及原因分析

含硫化氢气井的采气井口装置主要依据气井最高关井压力及流体性质选定,应能满足 API6A 和 NACE MR-0175 标准的要求,且具有远程控制的功能。由于气井压力一般较高,故对井口侵蚀也较油井井口严重许多,因此井口发生泄漏的可能性较大。井口发生泄漏的方式较多,造成泄漏的原因也不尽相同。主要可以划分为四个原因。

(1)井口设计缺陷:如未充分考虑井下气体中硫化氢酸性介质的因素,材质选用不当,制造工艺未按照相关抗硫标准执行,造成应用中发生氢脆、应力开裂;或是井口装置结构设计不合理,以致在应用一段时间后出现密封失效。

(2)人为操作失误:如未对井场操作人员进行井口装置结构知识、操作规范、维护保养等方面的知识培训,造成操作人员不了解井口基本原理,未按照规定的操作规范和维护要求对阀门进行定期维护保养等。

(3)其他原因:如在生产期间,由于井内泥浆和岩屑未排放干净,因而不断随气流冲蚀井口,造成井口阀门本体损坏而泄漏;突发情况下,井口紧急截断阀未正常动作,更易造成井口天然气泄漏失控。

(二)湿气管道泄漏及原因分析

湿气管道输送的是刚从井口采出,未经脱水和净化处理的含硫化氢酸性介质的混合气体,内腐蚀现象较输送纯净天然气或原油管道严重许多。特别是当管道中有游离水存在时,如果在水的露点温度以下运行,腐蚀现象会更加严重。另外,管道的工作环境千差万别,不可避免地要经过河流、湿地或潮湿区域,外腐蚀现象也较严重。

(1)腐蚀原因造成的泄漏:管材的内腐蚀和外腐蚀是管道集输无法规避的自然现象。如果在材质选用时,未严格按照输送含硫化氢和二氧化碳酸性气体的标准设计,合理布设阴极保护或牺牲阳极保护,管道组对、焊接或热处理等工序质量不合格,就会造成运行过程中严重泄漏的风险。

(2)运行原因造成的泄漏:管道运行中的泄漏主要有三种:一是缓蚀剂选择不当或未按规定加注,达不到缓蚀效果而加剧内腐蚀;二是不按规定定期清管,使得管道转弯处或死角积液严重而造成腐蚀或破裂;三是管道流速控制不当,过快或过慢均容易造成积液和过度冲刷,从而在管道的转弯处或死角造成腐蚀、破裂。

(3)操作失误造成的泄漏:如果井(场)站操作人员违章操作或操作失误,极易造成管道损坏,或是造成下游阀门通径减小或关闭,导致管线憋压、爆裂泄漏。

(4)自然灾害造成的泄漏:雷击、洪水、地震和山体滑坡等自然灾害,无疑会严重危害管道安全运行,甚至引起管道泄漏。

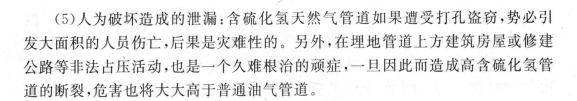

（5）人为破坏造成的泄漏：含硫化氢天然气管道如果遭受打孔盗窃，势必引发大面积的人员伤亡，后果是灾难性的。另外，在埋地管道上方建筑房屋或修建公路等非法占压活动，也是一个久难根治的顽症，一旦因此而造成高含硫化氢管道的断裂，危害也将大大高于普通油气管道。

（三）集输气场站泄漏及原因分析

与井口和管道相比，集输气场站的泄漏方式和原因更加复杂，这是由于其生产设施多、工艺较复杂所决定的。主要可以分为八个方面：

（1）站场流程引发的泄漏：站场设计未按标准进行设计选材，或由于站场设备质量存在问题，施工质量不达标；未对井场操作人员进行安全阀工作原理、操作规范、维护保养等方面的知识培训，造成操作人员不了解安全阀基本原理，未按操作规范要求对安全阀进行定期维护保养。特别是在泄漏突然发生的情况下，地面安全控制系统出现故障，以致不能控制安全阀的运行，其后果将十分严重。

（2）站场加热炉引发的泄漏：站场加热炉出现故障，也可能诱发气体泄漏。例如，加热炉选型不当，压力等级不匹配；加热炉熄火连锁保护功能出现故障；燃料气系统发生故障，造成调压装置失灵、管路堵塞或超压，均有可能诱发气体泄漏。另外，燃料气含硫超标，将会造成水套炉燃烧燃料系统腐蚀，而引起燃料气泄漏。

（3）站场分离和计量装置引发的泄漏：站场分离器存在超压或腐蚀的风险，易造成含硫化氢酸性气体突然释放。计量装置如果孔板阀上下腔密封不严，则在清洗或更换孔板时可能发生孔板导板飞出伤人和含硫天然气泄漏。

（4）清管装置引发的泄漏：清管装置的球阀如果发生内漏，则会造成收发球筒长期带压导致密封失效而引起含硫化氢气体的泄漏；在清管过程中，由于操作不当，在筒内压力未完全放空的情况下打开盲板，则会导致含硫化氢气体的泄漏；同时，由于维护不到位而导致关闭不到位，则密封效果不好时，必然引起硫化氢气体的泄漏。

（5）放空排污系统引发的泄漏，可能出现的故障和泄漏有：

①放空系统出现串压、堵塞和放空排污阀故障；

②放空系统可能因阀门密封不严或破裂，而导致含硫天然气泄漏；

③排污管线腐蚀，引起排污时出现泄漏；

④排污时，由于液位过低而造成含硫天然气窜入污水系统。

（6）缓蚀剂加注装置引发的泄漏：缓蚀剂加注装置是减缓内腐蚀的关键装置，应随时处于完好状态。如注入系统设备材质选择不当，工艺设计不合理，或是缓蚀剂加注装置突然停泵、管路堵塞、加注量不稳，以及操作不当造成加注管路超压等故障时，均会加快装置和管道的内腐蚀速度。

（7）检修作业引发的泄漏：检修作业是预防泄漏、消除泄漏的有效措施。但如果操作不当，同样存在诱发泄漏的可能。特别是装置停产检修前，如果置换不彻底，或检修部位与有毒介质隔离不好，则危险性极大。检修作业时，如果站场预留空间较小，极易对生产设备、管道产生如重物撞击等影响，进而引发设备、管道破裂导致泄漏。

（8）自然灾害因素引发的泄漏：与湿气管道一样，雷击、洪水和地震等自然灾害也可引起采气场站发生泄漏，其中危害最大的是地震或场地下陷等。

二、净化厂装置有毒气体泄漏

净化厂设备较多、工艺复杂，因此其泄漏的方式和原因也就十分复杂。按其工艺划分，净化厂主要可以分为脱硫工艺单元、脱水单元、硫黄回收单元、尾气处理、酸性水汽提、硫黄成型和辅助生产设施及公用工程等七大组成部分。无论是哪一个工艺单元，都存在发生泄漏的风险。

（一）脱硫工艺单元泄漏及原因分析

在脱硫工艺单元生产运行中，应重点预防压力管道和压力容器因窜气、超压或腐蚀而引发的有毒有害气体泄露。

（1）窜气引起的泄漏风险：在脱硫工艺单元中，容器分别在不同的工作压力下运行。生产运行时，如果联锁阀门发生失效或失灵等情况，则额定工作压力较高的容器内的气体，便极有可能窜入额定工作压力较低的容器内，从而引发管线或压力容器破裂泄漏。

（2）腐蚀引起的泄漏风险：设备、管线及其焊缝、接头、垫圈，以及仪表、阀门等最易受到硫化氢、二氧化碳和 MDEA 碱液的腐蚀而造成泄漏。

（3）其他原因引起的泄露。例如，过滤分离器更换滤芯料时，可能出现阀门泄漏。

（二）脱水单元泄漏及原因分析

脱水塔液位过低，且在联锁阀损坏或联锁阀无气源的情况下，有可能导致脱水塔内天然气窜入闪蒸罐，此时如果安全阀再发生失效，必会导致闪蒸罐爆炸。另外，脱水塔超压运行，也可能发生物理性爆炸。

（三）硫黄回收单元

酸气分离器液位较低时，酸气可能经排污管线窜入污水池，从而致使酸气通

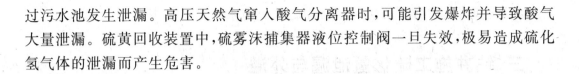

过污水池发生泄漏。高压天然气窜入酸气分离器时,可能引发爆炸并导致酸气大量泄漏。硫黄回收装置中,硫雾沫捕集器液位控制阀一旦失效,极易造成硫化氢气体的泄漏而产生危害。

(四)尾气处理

经过还原工序的二氧化硫和单质硫,如果还原不彻底,将会使后续的急冷及选吸工序出现严重腐蚀、堵塞等问题,可能引发酸气泄漏;冷换设备易于受到腐蚀而引起泄漏。另外,燃烧炉的耐火材料如果出现局部脱落,将会发生烧穿炉壳的事故。

(五)酸性水汽提

酸性水汽提单元的进料水储罐,以及酸水汽提塔可能因腐蚀引起酸气泄漏事故。酸气放空管线、设备、仪表管线上的焊缝或接头处,也会因腐蚀而发生泄漏。

(六)硫黄成型

在硫黄成型单元中,如果液硫脱气效果不良,将会导致硫化氢气体从液硫槽处向外泄露。

(七)辅助生产设施

净化厂一般都拥有较为庞大的辅助生产设施和公用工程系统,同样也存在一定的泄漏风险。虽然与生产设施相比,这一风险要小得多,但由于硫化氢的剧毒性,同样不能等闲视之。

(1)分析化验室:分析化验在取用原料气、酸气、过程气等含高浓度硫化氢的样品时,可能因操作不当,导致硫化氢泄露。

(2)火炬及放空系统:点火系统或长明灯出现故障,放空气未能及时点燃,会造成酸性气下沉,就会造成严重的人员中毒事故。因放空火炬气体中含有一定的硫化氢气体,在火炬底部凝液罐进行排液时,如果操作不当或防护措施不到位,会发生硫化氢中毒事故。

(3)储运:储运设施内存的介质主要是甲烷、乙烷及硫化氢,储罐和管线如果在设计、选材、制造、安装或操作等阶段出现失误,必然会造成先天性的缺陷或隐患,导致设备损坏或泄漏,这些都有可能引发事故。

(八)装置和管道的检维修作业

装置和集输系统在检维修作业过程中,如果吹扫不彻底而存在死角,当打开塔器和法兰时,其中含有的硫化氢将随之释放出来而造成伤害。

三、钻井施工硫化氢泄漏与外溢

正常钻井施工作业过程中,地层中的硫化氢等有毒有害气体混杂在天然气中,在泥浆重力的作用下,通常不会冒出地面。一方面,只有当井筒中的泥浆液柱压力低于地层压力,发生气侵或井涌的情况下,才会冒到地面上来;另一方面,也有可能是由于施工操作、生产工艺等方面的原因,会把少量的有害气体携带到地面上来。

(一)方式和途径

正常钻井施工过程中,硫化氢气体溢出井筒的方式和原因多种多样,其中以井喷失控危害最大,其次是气侵和井涌。因为两者均能造成有害气体的大量外溢,其他方式一般仅能造成"微量泄漏"。一般性的泄漏方式和原因如下:

(1)岩屑携带:在钻井作业过程中,钻头钻遇含硫化氢油气地层时,地层中固有的硫化氢气体,其中一小部分不可避免地将随破碎的岩屑一同进入井筒并溶入泥浆,最终被带至地面。

(2)重力置换:当钻遇漏失层位并发生井漏时,其他层位中的含硫化氢气体在泥浆重力的作用下,被置换出来而进入井筒。

(3)自动扩散:当井内液柱压力无法平衡地层压力时,地层内的硫化氢气体便大量涌入井筒,并随之喷至地面。即使液柱压力能够平衡地层压力,如果长时间的不循环或关井,含硫化氢和二氧化碳的气体也会慢慢扩散并集聚成气柱,当气柱上移到一定高度后,便会引发溢流或井喷。

(4)起钻抽吸:钻井队在起钻作业过程中,如果钻头"泥包"严重,或是起钻速度过快,井筒中的钻具便成了一个大"活塞",从而引发抽吸作用,将地层中含硫化氢的混合气体一并"抽"入井筒内。

(5)岩心携带:在高含硫化氢和二氧化碳地层,无论是进行取心钻进,还是井壁取心作业,地层中的含硫化氢混合气体,都会随着岩心一道来到地面。不仅从取心筒内出心时风险较大,而且在岩心存放处也会形成一个小范围的积聚、挥发区。

(6)测井携带:进行测井作业时,含硫化氢的泥浆或泥饼被测井电缆带到井口,以及测井车电缆滚筒处或地面。

(7)固井原因:如果固井质量不好,或是套管出现断裂、脱开,未能有效封堵住含硫化氢地层,将会造成地下流体沿着地层裂缝窜至地面。

(8)完井阶段:完井后,在泥浆处理过程中也存在硫化氢积聚的可能。如运输泥浆的容器和管线,处理存放过泥浆的容器和地点等,也都一定程度地存在此风险。

(二)主要危害

就钻井施工作业的生产过程和工艺而言,硫化氢气体最大的危害主要体现在污染泥浆、腐蚀钻具和危及人体健康等方面。因为硫化氢气体具有可溶性,易溶解于水和水基流体。硫化氢溶入水基泥浆时,污染程度比溶入油基泥浆严重,会使泥浆性能发生较大变化,如密度下降、pH 值下降、黏度上升等,甚至形成不能流动的冻胶,其颜色变为瓦灰色、墨色或墨绿色。

上述所提到的井涌或气侵在未达到井喷或井喷失控的情况下,所能造成的含有硫化氢的气体泄漏至地面的量十分有限。但对于毒性极强的硫化氢气体来讲,这一"微量"的泄漏,可能在震动筛、泥浆罐、灌浆罐、钻台上和钻台下,或是井场的低洼处等部位形成气体集聚,足以给人造成不同程度的伤害。

(三)取心作业的硫化氢特殊风险

根据钻探的需要,钻井施工作业通常需要进行取心作业。在含有硫化氢气体的地层进行取心,主要在取心钻进,起钻、岩心出筒、岩心存放与运输等环节存在着硫化氢泄漏的风险。

(1)在取心作业的各个环节中,出心作业过程的硫化氢伤害风险最大。因为岩心出筒时,取心筒已经离开了泥浆液面,筒内聚集的岩心挥发出的硫化氢气体便会一下子释放出来,从而在出心作业区形成一个小范围较高浓度的硫化氢气体聚集区,对作业人员造成危害。因此,出心作业时,钻台人员必须佩戴好空气呼吸器。

密闭取心和保压取心在出心时,会比其他几种取心作业释放出更多、更高浓度的硫化氢气体,故危害更为突出。因此,在高含硫化氢井段取心,应尽量避免采用保压取心或密闭取心工艺。

(2)岩心运移和晾晒作业:岩心出筒后,岩心中残存的硫化氢气体会继续释放一段时间,并在小范围内形成聚集,因此在运移、晾晒、存放岩心及进行岩性描述时,仍需采取相应的防护措施,防止中毒事故发生。

四、试气与井下作业有毒气体泄漏与外溢

在含硫化氢气田进行试气与井下作业过程中,发生泄漏或溢出的方式和原因也较多,比较集中地出现在循环出口、钻台上下、放喷管线口等处。特别是在酸洗或除垢作业时,还存在硫化铁反应生成硫化氢的风险。由于这种化学反应带有

一定的隐蔽性,故其危害性更大。另外,试气与井下作业施工的工序也较多,如替浆、通井、射孔、测试、诱喷、压裂、酸化、压井、冲铣打捞、挤注水泥、套磨铣捞等。

(一)射孔作业

气井射孔一般有三种方式,即电缆输送射孔、过油管输送射孔和油管输送射孔。第一种和第二种危险性较高,主要是因为在起电缆作业时无法采取井控措施,易使有毒气体附在电缆上并随电缆向上漂移,从而对地面人员造成伤害。油管输送射孔方式的安全性较高,但也存在泄漏的可能,如起油管时压井液密度不合适或灌浆不及时,均可造成气体外溢井口。因此,硫化氢气井的射孔作业,应优先采取油管输送射孔的作业方式。

(二)压裂和酸化

压裂酸化是气井开发中的主要增产措施之一,特别是酸压,具有酸量大、井口压力高、施工时间长、施工车辆多等特点,因而对井口、油管和套管的抗腐蚀性,以及抗压能力的要求高,施工管理的难度也相对较大。酸化排液过程往往伴有硫化氢气体的释放,特别是排液初期,放喷口不易点燃,导致硫化氢气体扩散,这是造成人体伤害和环境污染的最主要因素。

(三)放喷泄压

在试气、测试和压井过程中,一般采取的是针阀或油嘴控制放喷。从节流管汇和分离器到放喷口,由于井内有地层砂或压井液含固相颗粒,如果控制不当,可能会造成管线、阀门的损坏,导致有毒气体溢出。

(四)循环洗井

在井下作业过程中,无论是钻水泥塞,还是冲砂、压井、套磨铣捞都必须不停地循环洗井,因此大量的混合液体被循环出来,压井液携带出含有硫化氢的有毒气体,可能会在循环口和井口溢出。

(五)起下管柱作业

在试气和井下作业过程中,如果压井液不能中和附着在油管上的有毒气体,则会带至井口。特别是起下带有大直径的井下工具,如通井规、封隔器、测试仪器、桥塞及打捞工具等,如果起钻速度过快,便易发生"抽吸"作用,造成地层中的含硫化氢的混合气体吸入井筒。如果起钻时水眼堵塞,则在卸油管扣时,管内的混合液体会全部溢在钻台上,亦是硫化氢外泄的途径。

（六）诱喷作业

在试气作业过程中,如果要降低井筒内的液面高度,经常需要抽汲排液或液氮助排。抽汲时钢丝绳密封器不密封极易造成井口泄漏,所以一般采用液氮助排工艺。同样,在排液初期,出液口气液混合体有不易点燃的风险。

（七）地层原因

由于地层压力系数不同,有高压层也有低压层。在井下作业时,如果多个产层同时开采,当压井液密度过高时,必然会引起低压产层发生漏失。当液面降至一定高度时,其他层位的高压气体就会自动涌进井筒,造成气侵。如果此现象不断重复,洗井或灌浆时就会溢出大量混合气体,大量的硫化氢气体便会随之溢出。

（八）设备因素

试气和井下作业一般采取单机单泵作业,如动力设备发生问题不能连续作业时,则会造成施工中止,此时就要及时关井。当压力升高时,如果井口、防喷器、节流管汇或旋塞阀等部位因质量问题发生渗漏,就必须配备相应的耐压等级和抗硫等级的井控设备。

第二节　井喷与井喷失控

井喷和井喷失控在油气钻井施工、试油(气)和井下作业,以及油气井正常开采阶段屡见不鲜。无论是钻井施工井、试油(气)和井下作业井,还是正常开采井,其井喷失控的原理都是相同的"三部曲",即首先是井下地层流体压力高于井筒液柱压力,发生了井涌;而后,井涌处理不及时或方式不当,发生了井喷;最终,猛然喷出的流体破坏了井口和井控设备,酿成了井喷失控。

本节主要介绍钻井施工过程、试油(气)和井下作业过程,以及正常开采期间的井喷与井喷失控事故的方式与主要危害。

一、井喷与井喷失控简述

（一）钻井施工过程井喷与井喷失控

在钻井施工作业中,通常在钻进、起下钻具、下套管和测井阶段存在井喷和井喷失控的风险。

（1）钻进：正常钻进时，由于地层压力预报不准，泥浆密度选择不当，井控管理不到位等，易引发井喷或井喷失控。

（2）起下作业：起下作业有起下钻杆和起下钻铤两种工况。井喷的原因基本相同，主要是由于起钻灌浆不及时，造成井筒液柱压力低于地层压力；或是起钻速度过快，再加上钻头泥包等原因，因抽吸严重而造成井喷；或是由于泥浆性能差，井眼严重缩径，井漏等井下复杂情况诱发井喷或井喷失控。

（3）固井：固井工况下的井喷与井喷失控，主要是由于下套管操作不当、水泥浆密度和性能不好、水泥候凝期间的失重等原因而引起。

（4）测井和空井：测井是在敞开井口状况下进行的，属于空井工况的特殊形式。测井作业过程发生的井喷，基本是由于测井工具抽汲严重，或是空井的时间过长而导致井内气体向井筒内扩散，加之又未能及时处理而造成井内液柱压力下降，从而引起井喷或井喷失控。

（5）关井工况：关井后，如果套管被腐蚀坏，或是地层被压漏，含硫化氢的油、气、水及泥浆必将窜入地层的其他层位，甚至通过地层裂缝、溶洞等通道，而远距离地窜出地面，形成地下井喷失控。

（二）试气、井下作业井喷与井喷失控

在试气与井下作业过程中，地层原因、措施方案有误、施工中防范措施不到位，或违反操作规程等因素，都有可能造成井喷事故，严重时将发展成为失控井喷。试气与井下作业时，井喷事故多发生在以下工序：

（1）射孔作业：如果射孔作业的目的层是高压气层，且在起下作业时未采取相应的井控措施，未能及时发现溢流情况，易导致井喷事故发生。

（2）放喷泄压：放喷泄压过程中，如果放喷管线连接不合理，或是井口装置额定工作压力不足，或是气密封、抗高温、抗硫、防腐等性能指标达不到要求，都有可能引发井喷与井喷失控事故。

（3）压井、冲砂、洗井、套磨铣：在这四类工序中，井喷与井喷失控事故的发生，多由压井液密度未达到压井要求，或者在施工中压井液气侵严重，导致密度下降，加之处理不及时而引发。

（4）起下管柱作业：起下带有大直径工具的管柱易产生抽汲作用，造成诱喷；起钻时不及时灌修井液或没有灌满，都会造成井喷事故发生。

（5）钻水泥塞或桥塞：在钻水泥塞或桥塞时，尤其是钻浅层水泥塞时，钻具的总重量一般较轻，如果下部被封的井段内因憋压时间过长而存有高压气体，当水泥塞被打开时，高压气体会瞬间释放出来，甚至会把钻具顶出井内，而造成井喷事故。

（6）换井口作业：在压裂酸化等特殊施工时，往往需要更换采气井口。如果更换井口作业时间过长，且又未采取其他封井措施，则会导致气体突然喷出而造成井喷失控。

（7）特殊情况作业：如果空井筒时间过长，长期不循环，又无人观察井口，将会造成井内修井液发生气侵。而侵入的气体一旦慢慢地运移到井口，就有可能引发井涌和井喷事故。

（三）采气生产期间井喷与井喷失控

（1）井口装置泄漏引起井喷：由于腐蚀和密封失效等原因，井口装置存在泄漏的可能，泄漏问题若不能得到及时处理和控制，便会造成井喷甚至失控。

（2）井下安全截断阀故障引起井喷：井下安全截断阀具有在超压或失压情况下自动快速关断井筒的功能，以保护气井和地面人员和设施的安全。如果在使用过程中，井下安全截断阀出现故障，便不能在超压或失压情况下自动快速截断井筒，就极有可能出现井喷及井喷失控情况。

（3）井下安全阀控制系统故障引起井喷：如果井下安全阀液压控制系统出现故障，或其失效不能在超压或失压情况下对井下安全阀进行控制，就极有可能出现井喷及井喷失控情况。

（4）井口紧急切断阀故障引起井喷：一般情况下，采气井口装置紧急截断阀都安装在进站管线上，属于独立的控制系统，由液压、气压或气液联动操作器进行控制。当井场出现紧急情况时，安全阀系统可自动关闭。如果液压、气压或气液联动系统出现故障，安全阀系统不能自动关闭，也会引发井口失控现象。

二、井喷与井喷失控的主要危害

（一）酸性气体对人类生命的危害

首先受到井喷或井喷失控伤害的，无疑是井场的施工作业人员；随着气体的迅速飘移、扩散，接下来受到伤害的便是井场周边的居民和流动人员，最后是数千米范围内的普通群众。如果地下喷出大量的二氧化碳气体，其后果同样严重，完全有可能造成一定范围内空气中氧含量的大幅下降，如遇"逆温"条件，甚至可能造成地面大量人员的窒息死亡。

（二）酸性气体对自然环境的危害

井喷和井喷失控可造成植被的严重破坏，牲畜、家禽和水产品等的大量死亡。大量的硫化氢气体通过沉积和积聚，不断向低洼处、顺风方向扩散、飘移，可以"毒死"一定范围的植被。如果在扩散过程中,遇有明火并发生爆炸,则爆炸区域内的所有生产、生活设施会受到重大破坏。在井口点火时,硫化氢混合气体燃烧后将产生二氧化硫,而二氧化硫易溶于水,在火气中即可形成酸雨,对植被、土壤产生严重破坏。

第三节   采输作业天然气火灾爆炸

在含硫化氢天然气的钻井、开发、集输、储运和净化过程中,天然气、硫化氢始终存在于生产施工的全过程。混合气体当中,天然气和硫化氢都属于易燃易爆气体,火灾爆炸的风险无疑存在于所有生产环节。

一、天然气火灾爆炸风险及其危害

(一)天然气燃烧的三种形式

按照天然气与空气(氧气)的混合方式划分,天然气主要有稳定燃烧、动力燃烧和喷流式燃烧三种形式。

(1)稳定燃烧:如果天然气与空气(氧气)混合发生在燃烧过程中,那么所发生的燃烧称为稳定燃烧,又称扩散燃烧。这种燃烧的特点是可燃气体从容器内出来多少,就与空气混合多少,自然也就烧掉多少,而且燃烧的速度取决于可燃气体的流出速度。燃烧时有火焰,而且持续燃烧。但只要控制得好,就不至于造成爆炸。发生火灾时,也相对容易扑救。

(2)动力燃烧:动力燃烧即是常说的爆炸。如果天然气与空气(氧气)的混合发生在燃烧之前,此种情况下的燃烧便是动力燃烧。动力燃烧的破坏力极大,会造成重大的人员伤亡和经济损失。形成动力燃烧需要满足一个充分必要的浓度条件,也就是我们常说的爆炸极限。只有处于爆炸极限值范围内,可燃气体才能发生爆炸,高于或低于这个极限值范围均不会发生爆炸。可燃气体的爆炸极限值不是一个固定值,除与混合气体中的化学成分有关外,还受温度、压力和惰性气体等因素的影响。

纯净天然气的爆炸浓度通常为 $4.3\%\sim15\%$,硫化氢的爆炸浓度为 $4.6\%\sim46\%$。而对于含硫化氢的混合气体来说,硫化氢气体的爆炸极限范围宽,会使混合气体的爆炸危险性增加。可以看出,我们在生产施工过程中大量发生的先泄漏后突遇明火燃烧,均属于动力燃烧。井喷过程中,由于井场先充满大量的天然

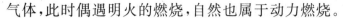

气体,此时偶遇明火的燃烧,自然也属于动力燃烧。

(3)喷流式燃烧:天然气处于压力条件下发生的燃烧,属于第三种燃烧形式。这种燃烧的特点是火焰高、燃烧强度大,发生火灾时不易扑救。通常采取的灭火方式是首先设法关闭天然气的出口,迅速冷却出口,然后再用氮气、干粉进行灭火,也可用几只高压水枪交叉灭火。

(二)生产施工现场的燃烧类型分析

对于天然气钻井、开发、集输和净化生产过程来讲,稳定燃烧、动力燃烧和喷流式燃烧三种形式都有可能发生。例如,油气集输场站和净化厂火炬在生产过程中或是维修过程中的放空燃烧,属于稳定燃烧。假设油气集输场站集输设施、集输管道,以及净化厂生产装置发生穿孔泄漏,如果发现不及时,产生大量混合可燃气,突遇火源而引起的燃烧,则属于动力燃烧;如果发生泄漏的装置是压力容器设备,天然气从高压容器内喷出,此时发生的燃烧,则属于喷流式燃烧。

天然气发生燃烧,应该把不安全的动力燃烧变为安全的稳定燃烧。这也是我们在对油气管道(容器)进行焊接补漏时,为什么往往优先选择带压不置换动火的原因,其目的就是防止形成动力燃烧条件。

就钻井施工作业出现的井涌现象而言,在压井抢险过程中,为防止井口压力持续升高,通常要在放喷口进行放喷点火,并将喷出的天然气燃烧掉,这属于稳定燃烧。当发生井喷失控时,地下的高压可燃气体自井内猛烈喷放出来,只好在井口点火燃烧,此时则属于喷流式燃烧。喷流式燃烧虽然不如稳定燃烧安全,但"两害相较取其轻",在井口点火燃烧,虽然天然气资源会同钻井设备一起烧掉;但有效避免了硫化氢中毒引起的人身伤亡事故发生。

二、含硫化氢天然气火灾爆炸特殊风险

(一)二氧化硫的形成及其危害

与普通天然气不同的是,高含硫化氢的天然气在燃烧过程中会同时生成二氧化硫这一化学危险品,这是天然气中的硫化氢组分在燃烧过程中氧化反应的必然产物。二氧化硫的性质以及对人体的危害等方面的内容在第一章第四节已有叙述。

(二)铁的硫化物生成及其危害

在生产设备或容器中加工或储存含有硫、硫化氢和有机硫化物时,硫元素与器壁上的铁元素长期相互作用,便生成了硫化亚铁和硫化铁,其主要危害特性是

具有较强的自燃性。高含硫化氢的天然气在集输、储存和净化生产过程中,不可避免地要与硫元素频繁接触,而集输、储存和净化天然气的设备又都是铁制品,完全不生成硫化亚铁和硫化铁是不现实的。所以,只有在生产设备的内表面涂刷防腐涂料,防止产生硫化亚铁和硫化铁。如果器壁上已生成硫化亚铁和硫化铁,就必须及时予以清除,避免自燃条件的形成。

应该特别强调的是,硫化物自燃时并不出现火焰,只发热到炽热状态,就足以引起可燃物质着火。尤其是当容器中还有少量的石油产品,其蒸气浓度达到爆炸极限时,或是在混有可燃气体的空气中,便可发生自燃而引起火灾或爆炸。

第四节　采输作业硫化氢腐蚀

一、腐蚀定义及分类

广义的腐蚀定义为:材料在环境的作用下引起的功能失效。金属及其合金的腐蚀主要是化学、电化学引起的破坏,有时伴随有机械、物理或生物作用,不包含化学变化的纯机械破坏不属于腐蚀范畴。目前广泛接受的材料腐蚀定义是:材料因受环境介质的化学作用而破坏的现象。

常见的腐蚀按其作用原理分为化学腐蚀和电化学腐蚀。

(一)化学腐蚀

化学腐蚀指金属与非电解质直接发生化学作用而引起的破坏。化学腐蚀是在一定条件下,非电解质中的氧化剂直接与金属表面的原子相互作用,即氧化-还原反应是在反应粒子相互作用的瞬间,于碰撞的那一个反应点上完成的。在化学腐蚀过程中,电子的传递是在金属与氧化剂之间直接进行,因而没有电流发生。金属的高温氧化和钢水表面的氧化皮都属于化学腐蚀。

(二)电化学腐蚀

电化学腐蚀指金属与电解质发生电化学反应而产生的破坏。任何一种按电化学机理进行的腐蚀反应至少包括一个阳极反应和一个阴极反应,并与流过金属内部的电子流和介质中定向迁移的离子联系在一起。阳极反应是金属原子从金属转移到介质中并放出电子的过程,即氧化反应;阴极反应是介质中的氧化剂夺取金属的电子发生还原反应的还原过程。例如碳钢在酸中腐蚀时,在阳极区

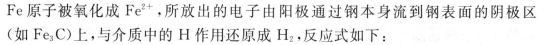

Fe 原子被氧化成 Fe^{2+}，所放出的电子由阳极通过钢本身流到钢表面的阴极区（如 Fe_3C）上，与介质中的 H 作用还原成 H_2，反应式如下：

　　阳极反应：$Fe \rightarrow Fe^{2+} + 2e$

　　阴极反应：$2H^+ + 2e \rightarrow H_2\uparrow$

　　总反应：$Fe + 2H^+ \rightarrow Fe^{2+} + H_2\uparrow$

由此可见电化学腐蚀的特点是：

（1）介质为离子导电的电解质。

（2）金属—电解质界面反应过程因电荷转移而引起的电化学过程必须包括电子和离子在界面上的转移。

（3）界面上的电化学过程可以分为两个相互独立的氧化和还原过程，金属-电解质界面上伴随电转移发生的化学反应称为电极反应。

（4）电化学腐蚀过程伴随电子在金属内的流动，即电流的产生。硫化氢引起的油气生产设备的腐蚀都属于电化学腐蚀。

二、硫化氢腐蚀

硫化氢对金属的腐蚀是氢的去极化过程，反应式如下：

　　　　阳极：$Fe \rightarrow Fe^{2+} + 2e$

　　　　　　　$H_2S + H_2O \rightarrow H^+ + HS^- + H_2O$

　　　　　　　$HS^- + H_2O \rightarrow H^+ + S^{2-} + H_2O$

　　　　阴极：$2e + 2H^+ + Fe^{2+} + S^{2-} \rightarrow 2H + FeS$

Fe 与 H_2S 总的腐蚀过程的反应式：

　　　　$x Fe + y H_2S \rightarrow H_2O + 2yH + Fe_xS_y$

上述反应式简化表述了硫化氢对金属材料的电化学失重腐蚀机理，而实际腐蚀机理要复杂得多。Fe_xS_y 表示各种硫化铁通式，钢材受到硫化氢腐蚀以后阳极的最终产物就是硫化铁。该产物通常是一种混合物，包括硫化亚铁（FeS）、二硫化铁（FeS_2）、硫化铁（Fe_2S_3）等物质。它是一种有缺陷的结构，与钢铁表面的黏结力差，易脱落，易氧化，且电位较高。它作为阴极与钢铁基体构成一个活性的微电池（其电位差可达 $0.2 \sim 0.4$），从而对钢铁基体继续进行腐蚀，导致油气田设备、工具产生很深的"溃烂"。金属的电化学失重腐蚀是集中在金属局部区域——阳极区，阴极区没有金属腐蚀。因此硫化氢引起的电化学失重腐蚀实质上是局部腐蚀。局部腐蚀是设备腐蚀破坏的一种常见形式，工程中重大的突发腐蚀事故多是由于局部腐蚀造成的。

由此可见，硫化铁是一种硫化氢与铁或者废海绵铁（一种处理材料）的反应产物，当暴露在空气中，会自燃或燃烧。当硫化铁暴露在空气中时，要保持潮湿直到其按适用的规范要求进行废弃处理。硫化铁垢会在容器的内表面和脱硫过程的胶溶液的过滤元件上积累下来,当暴露在大气中时,就有自燃的危险。另外,硫化铁的燃烧产物之一是二氧化硫,必须采取正确的安全措施处理这些有毒物质。

硫化铁自燃现象在装置检修、清管等作业时最容易发生。因此,在含硫天然气生产及输送设备开、停、检修及清管等过程中,应采取有效措施,防止发生硫化铁自燃和引发火灾、爆炸事故发生。

三、硫化氢腐蚀的类型

在常温常压下,干燥的硫化氢对金属材料无腐蚀破坏作用,但是硫化氢易溶于水而形成湿硫化氢环境,钢材在湿硫化氢环境中易引发腐蚀破坏,影响油气田开发和石油加工企业正常生产,甚至会引发灾难性的事故,造成重大的人员伤亡和财产损失。

硫化氢水溶液对钢材发生电化学腐蚀的产物之一就是氢。反应产物氢一般认为有两种去向,一是氢原子之间有较大的亲和力,易相互结合形成氢分子排出;另一个去向就是由于原子半径极小的氢原子获得足够的能量后变成扩散氢而渗入钢的内部并溶入晶格中,固溶于晶格中的氢有很强的游离性,在一定条件下将导致材料的脆化(氢脆)和氢损伤。目前氢脆较公认的机理是氢压理论,一般认为,湿硫化氢环境中的开裂有氢鼓泡(HB)、氢致开裂(HIC)、硫化物应力腐蚀开裂(SSCC)、应力导向氢致开裂(SOHIC)四种形式。

1. 氢鼓泡(HB)

腐蚀过程中析出的氢原子向钢中扩散,在钢材的非金属夹杂物、分层和其他不连续处易聚集形成分子氢,由于氢分子较大,难以从钢的组织内部逸出,从而形成巨大内压导致其周围组织屈服,形成表面层下的平面孔穴结构,称为氢鼓泡,其分布平行于钢板表面。它的发生无需外加应力,与材料中的夹杂物等缺陷密切相关。

2. 氢致开裂(HIC)

在氢气压力的作用下,不同层面上的相邻氢鼓泡裂纹相互连接,形成阶梯状特征的内部裂纹称为氢致开裂,裂纹有时也可扩展到金属表面。HIC 的发生也无需外加应力,一般与钢中高密度的大平面夹杂物或合金元素在钢中偏析产生的不规则微观组织有关。

3. 硫化物应力腐蚀开裂(SSCC)

湿硫化氢环境中腐蚀产生的氢原子渗入钢的内部,固溶于晶格中,使钢的脆性增加,在外加拉应力或残余应力作用下形成的开裂,叫做硫化物应力腐蚀开裂。SSCC 通常发生在中高强度钢中或焊缝及其热影响区等硬度较高的区域。硫化氢应力腐蚀开裂和硫化氢引起的氢脆断裂没有本质的区别,不同的是硫化氢应力腐蚀开裂是从材料表面的局部阳极溶解、位错露头和蚀坑等处起源的,而应力导向氢致开裂裂纹往往起源于材料的皮下或内部,且随外加应力增加,裂源位置向表面靠近。

4. 应力导向氢致开裂(SOHIC)

在应力引导下,夹杂物或缺陷处因氢聚集而形成的小裂纹会叠加,并沿着垂直于应力的方向(即钢板的壁厚方向)发展而导致的开裂称为应力导向氢致开裂。

四、影响硫化氢腐蚀的主要因素

(一)硫化氢浓度(或分压)

硫化氢浓度对金属电化学失重腐蚀的影响如图 2-1 所示。当硫化氢浓度由 2ppm 增加到 150ppm,金属腐蚀速率迅速增加;硫化氢浓度增加到 400ppm,腐蚀速率达到高峰;但当硫化氢浓度继续增加到 1600ppm 时,腐蚀速率反而下降(由于金属材料表面形成硫化铁保护膜);当硫化氢浓度在 1600~2400ppm 时,则腐蚀速率基本不变。

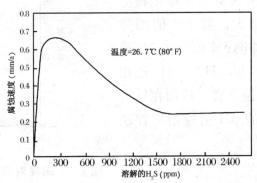

图 2-1 软钢在不同浓度硫化氢水溶液中的腐蚀速率

在涉及硫化氢浓度对金属氢脆和硫化物应力腐蚀开裂的影响时,往往以含硫化物气体的总压力和硫化氢分压作为衡量指标。

因此,标准规范要求:天然气的总压等于或大于 0.4MPa(60Psi),而且该天然气中硫化氢分压等于或大于 0.0003MPa,或硫化氢含量大于 75mg/m³(50ppm)的天然气属酸性环境,必须考虑使用抗硫金属材料。

(二)细菌腐蚀

在细菌腐蚀中,危害最大的是硫酸盐还原菌和硫菌,80%生产井的设备腐蚀都与硫酸盐还原菌有关。细菌腐蚀易发生在积水的设备、管柱部位,如容器、油井套管柱、冷却冷凝设备底部等。硫酸盐还原菌不断氧化水中的分子氢,从而使亚硫酸盐和硫酸盐转变成硫化氢:

$$2H^+ + SO_4^{2-} + 4H_2 \longrightarrow H_2S + 4H_2O$$

介质中仅有硫化氢时,铁的腐蚀速度为 0.3~0.5mm/a,而硫酸盐还原菌的存在则会加剧油气田设备、管材的腐蚀。

(三)温度

温度对硫化物应力腐蚀开裂的影响较大,如图 2-2 所示。在一定温度范围内,温度升高,硫化物应力腐蚀开裂倾向减小。在 25℃左右,金属被破坏所用的时间最短,硫化物应力腐蚀最为活跃;当温度升高到一定值(93℃)以上,氢的扩散速度极大,反而从钢材中逸出,不会发生硫化物应力腐蚀。

因此,当井下温度高于 93℃时,油气井中的套管和钻铤可以不考虑其抗硫性能。对电化学失重腐蚀而言,温度升高则腐蚀速度加快。研究表明,温度每升高10℃,腐蚀速度增加 2~4 倍。

(四)pH 值

pH 值对电化学失重腐蚀和硫化物应力腐蚀开裂的影响都大。随 pH 值的降低,电化学失重腐蚀加剧;当 pH<6 时,硫化物应力腐蚀开裂严重,pH>9 时,就很少发生硫化物应力腐蚀开裂。故而在钻开含硫地层后,钻井液的 pH 值应始终控制在 9.5 以上。

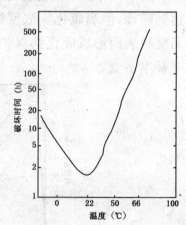

图 2-2　温度对硫化物应力腐蚀的影响

思考题:

1. 分析集输及净化作业过程中的硫化氢泄露和溢出风险点,并简述其原因。
2. 简述含硫气井井喷与井喷失控的主要危害。
3. 天然气燃烧的形式有哪些?简述含硫天然气发生火灾爆炸的特殊风险。
4. 在天然气采输作业过程中,硫化氢腐蚀的类型有哪些?有哪些影响因素?

第三章　天然气采输作业硫化氢防护

本着"以人为本、预防为主"的安全理念,针对含硫化氢气田开发过程中各个生产环节存在的主要风险和危害,采取科学有效的预防措施和管理方式,完全能够将风险降到最低,从而杜绝灾难性事故的发生。当然,降低风险、规避风险的措施有很多,其中最关键的措施主要有人员素质管理、气防安全管理、井控安全管理、安全间距管理、防火防爆管理和环境保护管理等方面。本章主要分析天然气生产作业中的采输作业、其他涉硫作业、硫化氢腐蚀防护等方面的硫化氢防护措施。

第一节　采输作业硫化氢防护

国外通过高含硫气田的开采工作,积累了丰富的开采经验,形成比较成熟的采气工艺技术。国内因酸性气田勘探开发较晚,目前在低含硫气田的开发技术和安全管理上都相对成熟,但高含硫的天然气田的开发还处于探索阶段,在装备水平方面还相对落后,与国外相比还有一定差距。

一、完井作业硫化氢防护

国外高含硫天然气气田的完井工艺技术比较完善,主要采用生产封隔器一次性完井工艺管柱永久完井,配合绳索式工具进行测压、试井,并开展油层改造等井下作业。国内含硫气井完井工艺方面,主要的工艺有:套管射孔完井时,采用油管传输射孔技术;推广电缆桥塞代替注水泥塞的技术;采用保护油气层的压井液、射孔液；采用材质为 C—75、C—90、AC—80S、AC—90S 等抗硫油套管；使用密封性较好的油管扣；试验生产封隔器永久完井工艺；应用 KQ—70MPa、KQ—105MPa 抗硫采气井口装置；推广混气水排液和液氮排液采气技术等。

(一)永久性封隔器完井

采用带永久式封隔器、套管(尾管)射孔，是开采含硫化氢气井时保护套管免受酸性气体腐蚀的关键技术之一。可选用国外贝克休斯、哈里伯顿 BWH 型及国产的川—251 型永久性式插管封隔器配以活动插管，确保在井内温度和压力变化下能自由伸缩，使封隔器受力合理并满足生产需要。川渝气区在开发罗家寨飞仙关组含硫化氢气藏时均采用永久性封隔器完井。(图 3-1、图 3-2)

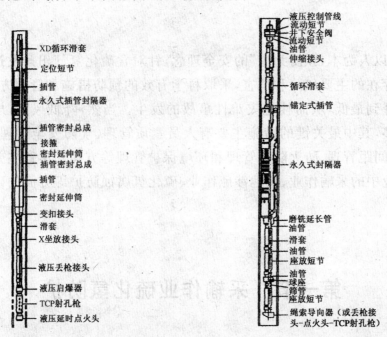

图 3-1 插管封隔器完井管柱   图 3-2 一次性下入封隔器完井管柱

(二)选用的油管、套管应进行三轴向等值应力设计

由于含硫化氢气井压力高、工作条件恶劣，首先要选择能抗硫化氢应力腐蚀开裂的材料，然后再选择适当的尺寸、重量、钢级与扣型。美国已发展了一种应用最大挠曲应力公式——Von Mises 技术设计的含硫化氢气井的油、套管柱。此方法将三向载荷联合起来考虑，克服了在常规设计中通常使用单项设计方法的不足，使管柱更能适应气井井下受载情况，效果良好。

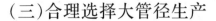

(三)合理选择大管径生产

气井生产管柱可采用生产系统分析法等多种方法予以确定。通常对单井产气量较大的气井都采用 3.5in 以上的较大管径油管生产,以提高气井单井产能采气速度,缩短含硫化氢气藏的整体开发时间,提高含硫化氢气藏的单井产能和开发效益。

(四)设置安全阀

在地面与井下可分别设置地面、井下安全阀,以避免和减少井口失控导致的硫化氢危害。

(五)《石油井口装置额定工作压力与公称通径系列》(SY 5279.1—91)

根据《石油井口装置额定工作压力与公称通径系列》(SY 5279.1—91)的规定,按井口最大关井压力选用抗硫化氢采气井口装置。闸阀和角式节流阀的阀体、大小四通均采用碳钢或低合金钢锻造制作,其性能均应满足标准的要求。阀杆密封填料采用氟塑料、增强氟塑料制作。"O"形密封圈宜采用氟橡胶制作。

二、含硫气井中元素硫的沉积及溶硫剂的注入

(一)含硫气井中元素硫的沉积机理

元素硫存在于火山,某些煤、石油及天然气中。同时,元素硫也可以纯化学晶体出现于石灰岩的沉积层内。在这些来源中,最丰富的来源是含硫天然气中的硫化氢。

国外学者研究认为,地层中的元素硫靠三种运载方式而带出:一是与硫化氢结合生成多硫化氢,二是溶于高分子烷烃,三是在高速气流中元素硫以微稠状(地层温度高于元素硫溶点时)随气流携带到地面。

在地层条件下,元素硫与硫化氢结合生成多硫化氢:

$$H_2S+S_y \longrightarrow H_2S_{y+1}$$

当天然气运载着多硫化氢穿过递减的压力和温度梯度剖面时,多硫化氢分解,发生元素硫的沉积。因此,从地层到井口的流压梯度和地温梯度的变化,对确定元素硫沉积都起着重要的控制作用。无论井底或油管,少量的元素硫沉积都可造成气井的减产或停产。

天然气流也能携带元素硫微滴。但是,当气流温度低于元素硫的凝固点时,一旦其固化作用开始,已固化的元素硫核心将催化其余液体元素硫以很快的沉

积速度聚积固化。因此,尽管早期采气没有发生元素硫沉积,但是一旦固化作用开始,气井很快就会被元素硫堵死。

大多数高含硫气藏开采都遭遇到硫沉积问题而造成硫堵,其主要原因是酸气中的元素硫随温度、压力的下降而沉积在井底周围的地层缝隙和井下生产油管壁上所致。硫堵不但会引起井下金属设备严重腐蚀,而且还会导致气井生产能力下降,甚至完全堵塞井底直至关井。硫沉积引起的腐蚀、堵塞造成的经济损失极大。世界上几大高含硫化氢气田开发中都发生过硫沉积问题。(表 3-1)

表 3-1　发生硫沉积的气田及沉积井段简况表

发生硫沉积气田名称		硫化氢体积含量(%)	井底温度(℃)	井底压力(MPa)	备　注
德国	Sudoldenburg	5.4	142	46.0	在井段 1800m 严重沉积。
	Buchorst	4.8	133.8	41.3	井底有积液。
加拿大	Devonian	10.4	102.2	42.04	干气、在井筒 4115～4267m 处沉积。
	Crossfield	34.4	79.4	25.3	在有凝析液存在的情况下沉积。
	Leduc	53.5	110.0	32.85	干气、在井筒 3353m 处沉积,估计气体携带量为 120g/m³。
美国	Josephine	78.0	198.9	98.42	沉积量为 32g/m³。
	Murray Franklin	98.0	232.2～260.0		井底有积液。

从表 3-1 可以看出,井深、井底条件及气体硫化氢含量均不相同的气井都发生了硫沉积现象。多年研究与现场观察结果表明,含硫气井的天然气中元素硫含量超过 0.05% 时,就可能产生硫沉积,而硫沉积量的多少与天然气的气体组成、采气速度及地层压力、温度密切相关。

因此,通过分析,影响元素硫沉积的主要因素有:

1. 气体组成

一般而言,硫化氢含量愈高愈容易发生元素硫沉积。当然,这不是唯一因素。有的气井硫化氢含量仅 4.8% 就发生硫堵塞,有的气井硫化氢含量高达 34% 以上却未发生堵塞。但从统计角度看,硫化氢含量高于 30% 以上的气井大部分都发生硫堵塞。发生硫堵塞气井的 C_5 以上烃含量均很低,或者为零,而且也不含芳香烃,C_5 以上烃组分(还有苯、甲苯等)很像是硫的物理溶剂,它们的存在往往能避免硫沉积。CH_4、CO_2 等其他组分以及气井产水量则没有发现与硫沉积有直接关系。

2. 采气速度

气体在井内的流速直接关系到气流携带元素硫的效率。流速愈高,则愈能有效地使元素硫粒子悬浮于气体中带出,从而减少硫沉积的可能性。现场调查发现,发生硫堵塞的井采气量都在 $28.2 \times 10^4 m^3/$天以下,采气量超过 $42.3 \times 10^4 m^3/$天的井均未发生硫堵塞。这表明提高采气速度有利于解决硫堵塞的问题。

3. 井底温度和压力

这两个因素的影响比较复杂,据资料报道,地层温度和压力较高的井容易发生硫沉积。当气体从地层进入井筒到达井口时,由于流体阻力和温度下降,导致硫析出。井底温度、压力与井口温度、压力的差越大,硫越容易析出。

从采气角度看,由气井生产方式,控制井筒压力和温度的变化,有可能限制元素硫在井底或油管中沉积。显然,控制范围是十分有限的,必须从溶硫剂入手,寻找解决元素硫沉积的其他方法。

(二)溶硫剂及其注入方式

1. 溶硫剂

对出现元素硫沉积的气井,向井口注入溶硫剂是当今解决硫堵的有效措施。

溶硫剂可按其作用原理分为两类:物理溶剂,如脂肪族烃类、硫醚、二硫化碳等;化学-物理溶剂,如胺类等。

选择溶硫剂的标准:有很高的吸硫效率,能溶解大量的元素硫,活性稳定且价廉。

评价溶硫剂的方法:即测量指定时间内所能溶解的硫量,分10分钟吸硫试验和30分钟吸硫试验。

2. 溶硫剂的注入

溶硫剂可用平衡罐(或泵)注入含硫气井,溶硫剂的注入量取决于元素硫在含硫天然气井中的溶解度、井筒温度和压力、天然气的组成和喷注方式等因素。注入的溶硫剂返出后,应进行再生,完成硫的回收。注入方法可根据溶硫剂特性和井内情况而定,一般采用周期注入和连续注入两种方式,具体操作与缓蚀剂注入方式类似。

三、管线解堵作业安全管理及硫化氢防护

解堵作业是指用水泥车或专用设备(或利用化学药剂)对管线因液体凝固或沉积物造成堵塞的疏通作业,分压力解堵和化学解堵(注水管线酸洗),不适用于

油气井井筒的热洗、清蜡、解堵等作业。

(一)基本要求

(1)管线解堵作业实行许可管理。易燃易爆或有毒介质的管线解堵作业应办理《管线解堵安全许可证》后,方可作业。

(2)现场作业人员要经过培训,了解管线解堵、化学制剂等相关知识,掌握操作技能。

(3)解堵用相关设备(设施)应经过检验合格。

(4)严禁用火烧的方法处理冻堵管线。

(二)危害识别

(1)生产单位应根据作业内容,组织工程技术、安全、作业人员进行危害识别,编制《解堵施工方案》,制订相关程序和防控措施。

(2)化学解堵前,应对解堵垢进行取样,用化学药剂及反应生成物进行分析,如产生硫化氢物质,在施工方案中应制订有毒介质外溢(泄漏)防范控制措施和应急处置程序。

(3)采取分段方式进行解堵时,应制订防范机械伤害和环境污染的控制措施,以及应急处置程序。

(三)作业许可

(1)普通管线解堵,由作业队工程技术人员编写《解堵施工方案》,基层队现场负责人审批后实施。

(2)易燃易爆或有毒介质的管线解堵作业,由作业队工程技术人员依据《解堵施工方案》和危害识别结果、作业程序和防控措施,填写《管线解堵安全许可证》,基层队现场负责人现场确认后签发。

(3)地面集输管线除垢解堵的化学处理中,使用盐酸清除硫酸亚铁沉积物,会形成硫化氢气体,执行《硫化氢作业安全管理规定》。

(4)采取分段方式进行解堵时,应由 HSE 管理部门、专业主管部门对解堵方案现场确认(主要涉及用火作业)。

(5)作业前准备:施工现场负责人应召开现场交底会,对施工作业人员进行技术交底和风险告知。现场 HSE 管理人员及相关人员应对方案的安全措施落实情况进行检查确认,主要包括:作业现场警示标志设置、隔离区域划分、施工车辆和设备摆放位置、安全通道、采用化学解堵介质取样分析结果、环保措施等。

(6)验证"作业许可证"后由现场负责人组织开工。

（四）施工过程控制

（1）在泵车开始增压前，应排净连接管线内的空气。

（2）泵车在开始增压时应先用低档位缓慢增压，然后逐步用高档位，当接近被解堵管线设计压力时，应采用低档位。

（3）增压过程中发现管线压力突然下降应立即停止增压。

（4）操作工不能离开操作平台，根据压力变化及时处理，解堵压力控制在解堵方案规定压力以内。

（5）作业人员不能离开现场，但应在隔离区域外安全地带。

（6）解堵易燃易爆或有毒介质（如硫化氢）的管线时，现场必须配备消防器材和空气呼吸器。

（7）在室内管线上解堵作业时，若发生有毒介质外溢，要佩戴空气呼吸器进入室内查看，防止发生中毒窒息事故。

（8）夜间解堵作业现场应配备足够的照明设施，施工区域应当有明显的警示标志。

（五）施工后的处置

（1）管线解堵成功后，应将解堵废液用罐车回收拉至污水处理站，处理达标后随油田污水回注。在处理已知或怀疑有硫化氢污染的废液过程中，作业人员应保持警惕。处理和运输含硫化氢的废液时，应采取预防措施；储运含硫化氢废液的容器应使用抗硫化氢的材料制成，并附上标签。

（2）采用分段方式解堵，恢复生产前，应对解堵管线进行试压，执行《试压作业安全管理规定》。

（六）容易发生事故的环节

（1）压力设定不当造成次生事故，主要是管线爆裂、憋坏设备、人员受伤的事故和险情。

（2）管线解通瞬间极易伤人。

（3）化学解堵时发生有毒气体逸出，造成施工人员中毒事故。

四、酸化压裂作业安全管理及硫化氢防护

压裂是指利用各种方式产生高压，作用于储层形成具有一定导流能力的裂缝，可使开发井达到增产（注）目的的工艺措施。酸化是指将配制好的酸液在高

于吸收压力且又低于破裂压力的区间注入地层,借酸的溶蚀作用恢复或者提高近井地带油气层渗透率的工艺措施。

(一)基本要求

(1)单井施工作业方案应经项目建设方技术负责人审批后,施工单位负责人应对防范控制措施和作业现场条件确认后,签发《酸化压裂作业安全许可证》,方可实施。

(2)作业人员应经过相关知识培训,持证上岗,掌握酸化压裂作业操作技能。

(3)酸化压裂相关设备(设施)应经过检验合格。

(二)危害识别

(1)项目设计单位(或技术服务方)应向施工单位进行技术交底,明确告知施工过程的危害、风险及需要采取的防护措施。

(2)根据工作任务和项目建设方提供的《地质方案》和《工程方案》,队长(项目经理)组织技术员、安全员、参加现场酸化压裂等有关人员,认真开展危害分析,制定防范控制措施,编制单井《HSE作业指导书》。

(三)作业许可

(1)现场 HSE 管理人员应对防范控制措施和作业条件现场检查,填写《酸化压裂作业安全许可证》。

(2)队长(项目经理)现场确认后,签发《酸化压裂作业安全许可证》。

(3)施工前验收:酸化压裂的开工验收由项目建设方组织,或委托监理单位和施工方共同实施。验收内容应当包括:施工井作业准备,井口控制装置,酸化压裂用液配制,现场摆放,人员持证和装备到位情况等。

(四)施工现场标准

(1)酸化压裂现场应坚实、平整、无积水,并设置警戒标志,作业区域的出入口应有警示和告知。

(2)施工作业车辆、液罐应摆放在井口上风方向,且与各类电力线路保持安全距离(通常在作业指导书中明确两个集合点,以适应风向变化)。

(3)现场车辆摆放应合理、整齐,保持间距,作业区域内的应急通道应畅通,便于撤离。

(4)地面高压管线应使用钢质直管线,并采取锚定措施;放喷管线应接至储污罐或现场排污池,末端的弯头角度应不小于120°。

(5)气井放喷管线与采气流程管线应分开,避开车辆设备的摆放位置和通过区域。

(6)天然气放喷点火装置应在下风方向,距井口 50m 以外。

(7)储污罐或排污池应设在下风方向,距井口 20m 以外。

(8)压裂施工现场除按常规配备灭火器材和急救药品外,还应安排消防车、急救车现场值勤;消防车应摆放在能够控制井口的位置。

(9)进入施工作业现场的所有人员应穿戴相应的劳动安全防护用品,并在现场登记表上签到;酸化作业应穿戴专用的防酸服,施工单位应对进入现场的人员进行清点。

(10)酸化压裂施工作业时,所有操作人员应坚守岗位,按照现场指挥人员的指令进行操作;设计单位和上级部门的人员经施工单位现场负责人同意后可以进入指挥区域;其他人员不应在作业区域内停留。

(11)酸化压裂应按设计方案进行,实施变更应当经过原设计单位的现场技术负责人批准;压力、配方等变更应取得原设计单位的变更资料后方可实施。

(12)现场指挥人员应组织有关人员对无绳耳机、送话器等通讯工具进行检查确认,保证现场指令和信息准确传递。

(13)井口装置、压裂和放喷管汇均应按照施工设计进行试压,合格后方可施工。

(14)试压过程中井口、管汇发现的不合格项应在压力释放后进行整改,任何对井口装置、管汇、弯头及其连接部位的紧固操作不应在承压状态下进行。

(15)酸化、酸压施工作业应密闭进行,注酸结束后用替置液将高、低压管汇及泵中残液注入井内。

(16)压裂设备正式启动后,现场高压区域不允许人员穿行;液罐上部人员应位于远离井口一侧的人孔进行液位观察;酸液计量人员应有安全防护措施;其他人员不宜到罐口;台上部分操作人员和其他现场人员均应居于本岗位有利于防护的位置。

(17)施工过程中井口装置、高压管汇、管线等部位发生刺漏,应在停泵、关井、泄压后处理,不应带压作业。

(18)混砂车、液罐供液低压管线发生刺漏,应及时采取整改或防污染措施。

(19)压裂施工不应在当天 16:00 以后开工。

(20)施工过程中发现异常情况应立即向现场指挥人员汇报,按照指令或应急程序操作。

(21)现场其他应急情况依照《HSE 作业指导书》进行处置。

(22)酸化压裂停泵后由施工方组织关井,现场各方应清点人数,现场负责人发出施工结束的指令后,地面人员按照规程依次拆除酸化压裂管汇。

（23）现场相关方的人员撤离应当避开地面人员施工区域；施工车辆撤离现场应有专人指挥。

（24）施工中产生的固体废弃物由酸化压裂队进行回收；大罐中剩余酸化压裂废液回收后送至建设方指定位置进行处理。

（25）施工方对现场恢复后，应告知作业队，由作业队实施下一步工序。

（26）施工单位在完成现场搬迁后，应召开 HSE 讲评会，对施工中存在的不符合项制定改进措施。

（五）容易发生事故的环节

（1）整个系统连接好后的试压环节，易造成人员伤害。

（2）压裂施工高压区的风险造成伤害。

（3）加砂之后突然泄压造成的设备损坏和人员风险。

（4）放射源伤害。

（5）放喷过程中因管汇、人员操作失误引发的风险。

五、油气集输站场和湿气管道硫化氢防护

油气集输站场和湿气管道的硫化氢防护问题在许多标准规范中都有这方面的条款，如 AQ2012、GB50183、GB50350、SY/T6137、SY/T5225 等等，下面就油气集输站场和湿气管道安全距离、部分规范要求来分析油气集输站场和湿气管道的硫化氢防护。

（一）油气集输站场和湿气管道安全距离

距离防护是安全环保管理的基本原则之一，而对于含硫化氢气田的钻井、开发、技术和净化等各个生产环节来说，距离防护具有无可替代的作用，具有十分重要的意义。

落实距离防护需要从源头抓起，对于钻井、井下作业等流动性施工作业而言，应该从地质设计、钻前施工和设备安装阶段着手规划考虑，并严加落实；对于集输站场、湿气管道和脱硫净化厂等，应在项目可研、初步设计等前期工作开始规划，并分步实施。

集输站场的安全距离问题，一般都采用《石油天然气工程设计防火规范》（GB50183—2004），因为这一标准依据油气站场的总体储量和单罐最大储量，将油气集输站场分成五个等级，并针对每个等级确定了不同的安全距离条款。但高含硫天然气站场的安全距离取决于硫化氢的设防要求，而不取决于防火防爆距离要求。因为有毒气体的防护标准大大高于防火防爆标准，因此不能套用《石

油天然气工程设计防火规范》(GB50183-2004)的分级标准和安全距离条款。

《高含硫化氢气田地面集输系统设计规范》(SY/T0612-2008)对高含硫天然气站场的安全距离问题作出了明确的规定:

(1)井场外新选址建设的站场应选址于地势较高处。

(2)综合值班室宜选址于站场外地势较高处,位于站场的全年最小频率风向的下风侧。倒班宿舍距井口的距离不小于100m。

(3)站场围墙宜采用空花围墙,围墙上应悬挂醒目的警示文字等安全生产标志。

(4)井口100m范围内应无民居及其他公共建筑物。

(5)应在站场主要出入口相对的三侧围墙中至少设置一个安全出入口。该出入口宜选择在站外地势较高处,并处于站场全年最小频率风向的下风侧。

(二)标准规范要求

站场和输气管道硫化氢防护安全要求应包括但不仅限于以下要求:

(1)油、气井的井场平面布置、防火间距及油、气井与周围建(构)筑物的防火间距,按《石油天然气工程设计防火规范》(GB50183-2004)的规定执行。

(2)施工作业的热洗清蜡车应距井口20m以上;污油池边离井口应不小于20m。

(3)含硫化氢环境中生产作业时应配备防护装备,防护装备应符合以下要求:

①在钻井过程中,试油(气)、修井及井下作业过程,以及集输站、水处理站、天然气净化厂等含硫化氢作业环境应配备正压式空气呼吸器及与其匹配的空气压缩机。

②配备的硫化氢防护装置应落实人员管理,并处于备用状态。

③进行检修和抢险作业时,应携带硫化氢监测仪和正压式空气呼吸器。

(4)个人正压式空气呼吸器的安放位置应便于基本人员能够快速方便地取得。

(5)在油气生产和天然气加工装置操作场地上,应遵循有关风向标的规定,设置风向袋、彩带、旗帜或其他相应的装置以指示风向。风向标应置于人员在现场作业或进入现场时容易看见的地方。

(6)在加工和处理含硫化氢采出液的设施的适当位置(例如进口处),可能会遇到硫化氢气体时,应遵循设置标志牌的规定,在明显的地方(如入口)张贴如"硫化氢作业区——只有监测仪显示为安全区时才能进入",或"此线内必须佩戴呼吸保护设备"等清晰的警示标志。

(7)应急作业和关停程序应张贴或易于作业人员取得。

（8）产出液体中的气相组分测试应定期检测其中的硫化氢浓度。要求建立程序，对硫化氢检测和监测设备、报警装置、强制排空系统及其他安全装置的作业进行定期的常规性能检测。这些检测的结果要记录下来。

（9）宜为操作和维护（如罐的测量、水管线爆裂、线路维修、换阀门、取样等）工作设计安全操作程序，这样才能避免由于硫化氢释放引起的危险。当人员要在硫化氢或二氧化硫浓度可能超标的条件下进行维护和操作工作时，事先要进行安全检查。

（10）在处理产出流体的系统中，如果有可能引起大气中的硫化氢浓度超过$15mg/m^3$（10ppm），宜使用硫化氢监测系统或程序（如可视观察、肥皂泡测试、便携式检测仪、固定监测设备等）来监测硫化氢的泄漏。这对于密闭装置尤其重要。

（11）处理硫化氢达到有害浓度的火炬系统的点火装置要定期检查和维修以保证操作正常。

（12）硫化铁是一种硫化氢与铁或者废海绵铁（一种处理材料）的反应产物，当暴露在空气中，会自燃或燃烧。当硫化铁暴露在空气中时，要保持潮湿直到其按适用的规范要求进行了废弃处理。硫化铁垢会在容器的内表面和脱硫过程的胶溶液的过滤元件上积累下来，当暴露在大气中时，就有自燃的危险。硫化铁的燃烧产物之一是二氧化硫，必须采取正确的安全措施处理这些有毒物质。

（13）在含硫化氢的油气田进行施工作业和油气生产前，所有生产作业人员，包括现场监督人员应接受硫化氢防护的培训。培训应包括课堂培训和现场培训，由有资质的培训机构进行，培训时间应达到相应要求。应对临时人员和其他非定期派遣人员进行硫化氢防护知识的教育。

（14）含硫化氢生产作业现场应安装硫化氢监测系统，进行硫化氢监测。

（15）含硫化氢环境中生产作业时，场地及设备的布置应考虑季节风向。在有可能形成硫化氢和二氧化硫聚集处应有良好的通风、明显清晰的硫化氢警示标志，使用防爆通风设备，并设置风向标、逃生通道及安全区。

（16）在含硫化氢环境中，钻井、井下作业和油气生产及气体处理作业使用的材料及设备，应与硫化氢条件相适应。

（17）在含硫化氢环境中生产作业时应制定防硫化氢应急预案，钻井、井下作业防硫化氢预案应确定油气井点火程序和决策人。

（18）高压、含硫化氢及二氧化碳的气井应有自动关井装置。

（19）油气井站投产前应对抽油机、管线、分离器、储罐等设备、设施及其安全附件，进行检查和验收。

（20）运行的压力设备、管道等设施设置的安全阀、压力表、液位计等安全附件应齐全、灵敏、准确，并定期校验。

第二节 其他涉硫作业硫化氢防护

在油田企业中,钻井、井下、炼油、测井、录井、集输、污水处理作业等较多含有已知或潜在硫化氢等有毒、有害气体,需要重视和加强硫化氢防护工作,对其实施严格的进出控制。在其他一些作业中,如进入罐、处理容器、罐车、暂时或永久性的深坑或沟等受限空间,进入有泄漏的油气井站区、低洼区、污水区或其他硫化氢等有毒有害气体易于集聚的区域时,进入天然气净化厂的脱硫、再生、硫回收、排污放空区进行检修和抢险,以及进入垃圾场、化粪池、污油池、污泥池、排污管道内、窨井等场所施工作业时,同样需要警惕和处置对已知或潜在含有硫化氢等有毒、有害气体的防护问题。

一、进入受限空间作业硫化氢防护

进入密闭设施、有限空间检修作业,要先进行吹扫、置换,加盲板;对空气进行采样分析合格,确认硫化氢、氧或烃的浓度不会着火或对健康构成危害;办理进入受限空间安全作业票后才能进入作业。但一些设备、容器在检修前需要进入排除残存的污油泥、积淀余渣等,清理作业过程中,会有硫化氢或油气等有毒有害气体逸出,因此必须制订防护措施:

(1)作业前认真进行风险辨识,制订较完善的安全施工方案。

(2)作业人员必须经过安全技术培训,经考核合格且持有效证件,特种作业人员还必须持有与工作内容对应的特种作业人员操作证方可上岗。此外,还须掌握人工急救、气防用具、照明及通讯工具的正确使用方法;在含有和怀疑有硫化氢环境中作业的人员必须经过硫化氢防护技术培训并考核合格。

(3)在进入密闭装置(如装有含有危险浓度的硫化氢的储存油气、产出水加工处理设备的厂房)之前要特别小心;人员进入时,应确定不穿戴呼吸保护设备是安全的,否则应穿戴呼吸保护设备;佩戴适用的长管呼吸器具或正压式空气呼吸器,携带安全带(绳索),防爆照明灯具、通讯工具及相关保护用品。

(4)进入设备、容器前,应把与设备、容器连通的管线阀门关死,撤掉余压,改用盲板封堵;对含有硫化氢或输送有毒有害介质的管线或设备、容器进行阻断、置换时,要严防有毒有害气体大量逸出造成事故。

(5)施工作业前必须进行气体采样分析,根据检测结果确定和调整施工方案和安全措施;在硫化氢浓度较高或浓度不明的环境中作业,均应采用正压式空气呼吸器；当作业中止超过 30 分钟，须重新采样分析并办理许可手续。

（6）办理进入受限空间作业票，涉及用火、高处、临时用电、试压等特殊作业时，应办理相应的许可证后，方可作业。

（7）进入设备、容器作业时间不宜超过 30 分钟，在高气温或同时存在高湿度或热辐射的不良气象条件下作业，或在寒冷气象条件下作业时，应适当减低个人作业时间。

（8）施工中定时强制通风，氧气含量不得低于 20%，对可能产生烟尘的作业必须配备长管呼吸器具或正压式空气呼吸器。

（9）施工过程中严格执行监护制度，安全监护人不得擅离职守，并及时果断制止违章作业；一旦出现异常情况，立即按变更管理程序处理，及时启动应急预案。

（10）施工中要保持通讯畅通，一旦出现异常情况要正确处置，不得盲目施救；必要时可安排医务人员现场准备应对突发事件。

二、进入下水道（井）、地沟、深池等场所作业硫化氢防护

下水道（井）、地沟、深池等场所可能聚集硫化氢、沼气等有毒有害气体，进入作业必须进行风险辨识，制订缜密安全的施工方案。

（1）按照进入受限空间施工采样分析、办理作业许可票证；当作业位置高于 2m 时，须办理登高作业许可票证；涉及临时用电等其他特殊作业项目时，须办理相应作业许可票证。

（2）佩戴气防护具，配备防爆照明灯具，安全带（绳），通讯设备；在硫化氢浓度较高或浓度不明的环境中作业，均用采用正压式空气呼吸器。

（3）严禁在下水道进口 10m 内动火；与交通道路距离较近的下水道口或窨井处施工要设置警戒线和警示标志，安排专人值守。

（4）安装防爆风机（扇），采用强制通风或自然通风方式，确保施工区域含氧量大于 20%。下水道施工应安装临时水泵或采用封堵上游来水等方法降低施工地段水位。

（5）下水道（井）、地沟、深池作业中注意观察，防止边壁坍塌。

（6）下油池作业前应先用泵将污油、污水排净，用高压水冲洗置换；采样分析合格，确定施工方案和安全措施，配备气防护具，携带安全带（绳），齐全作业许可票证。

（7）严格监护制度，监护人不得擅离职守，并及时果断制止违章作业；一旦出现异常情况，立即按变更管理程序处理，及时启动应急预案。

（8）保持通讯畅通，一旦出现异常情况要正确处置，不得盲目施救。

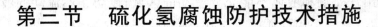

第三节　硫化氢腐蚀防护技术措施

含硫气井的开采技术措施很大程度上受腐蚀防护技术的影响,主要有以下十种腐蚀防护技术措施,现介绍如下:

一、材质选择

高含硫化氢气田地面集输系统设计中,管道和设备材质选择、检验应符合SY/T0599,GB/T 9711.3,NACE MR 0175/ISO15156,SY/T0612－2008等系列标准的规定。

(一)高含硫气田

管线采购可要求进行 HIC 试验,采用《管道、压力容器抗氢致开裂钢性能评价的试验方法》(NACE TM0284－2003)标准试验方法进行,主要考虑钢材的抗SSC 和抗 HIC 性能。

(二)酸性环境的特殊要求

硫化物应力开裂试验(SSC):按《金属及合金的腐蚀应力腐蚀试验第二部分:弯曲梁的试样制备和使用》(ISO7539－2)四点弯曲法,并采用《抗硫化氢应力腐蚀标准》(NACE TM0177－2005)方法 A 规定的溶液及条件进行 SSC 试验。

硬度测试:在管体、热影响区(HAZ)和焊缝,最大容许硬度不超过 250HV10(22HRC)

氢致开裂试验(HIC):按《评定管线和压力容器用钢抗氢诱发裂纹性能试验方法》(NACE TM0284－96)进行,溶液应符合《抗硫化氢应力腐蚀标准》(NACE TM0177－2005)的要求。试验结果应满足 ISO3183－3 的要求:裂纹敏感率(CSR)<2%;裂纹长度率(CLR)<15%;裂纹厚度率(CTR)<5%。

(三)抗硫材料

选择抗硫材质时,首先应选择抗氢脆及硫化物应力腐蚀破裂性能,并采用合理的结构和制造工艺。选择抗硫材质应严格遵循《含硫气井安全生产技术规定》,设计时考虑如下因素:

（1）新井在完井时可安装井下安全阀。

（2）集气管线的首端（井场）应设置高低压切断阀，末端应设置止回阀，集气管内应避免出现死端和液体不能充分流动的区域，以防止不流动的液体聚集。

（3）集输气管线采用优质碳钢制作，油套管选用抗硫材质。

（4）选择抗硫的井口装置、抗硫阀件、仪表、抗硫录井钢丝等抗硫设备。

二、加注防腐添加剂

防腐剂通常有缓蚀剂、除硫剂、除氧剂、灭菌剂等。各种防腐剂的作用不相同，应视腐蚀程度大小及油气井生产要求添加缓蚀剂，以抑制硫化氢、二氧化碳、氧、盐类对材料的腐蚀。添加缓蚀剂具有使用方便、效果显著、用量少、经济等优点，缺点是不能除去腐蚀源。最好的做法是在距离采气现场近的地方进行脱硫。微生物的生化作用生成硫化氢或二氧化碳，对井管材产生腐蚀。合理地选择各种防腐添加剂，并配合使用，可以达到更好的防腐效果，并延长管材钻具的使用寿命。

（一）缓蚀剂

1. 缓蚀剂的作用原理

缓蚀剂的作用原理是：借助于缓蚀剂分子在金属表面形成保护膜，隔绝硫化氢与钢材的接触，达到减缓和抑制钢材的电化学腐蚀作用，延长管材和设备的使用寿命。

在天然气环境中，喷洒在钢材表面的缓蚀剂，展开生成液膜后，形成三层保护层。缓蚀剂液膜厚度约为 $20\sim250\mu m$。

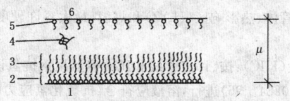

1.钢材；2.现钢材界面上的缓蚀剂分子吸附层；
3.载体分子层；4.吸附在一起的缓蚀剂胶束集团；
5.气液界面上吸附的缓蚀剂；6.天然气；
μ.液膜厚度

图 3-3　缓蚀剂的作用原理

2. 缓蚀剂的类型

加入少量的缓蚀剂，能有效地阻止或减缓化学物质对金属的腐蚀作用。缓蚀剂可分为有机化合物缓蚀剂和无机化合物缓蚀剂两大类。

(1)有机化合物缓蚀剂:其缓蚀作用原理大多是经物理吸附(静电引力等)和化学吸附(氮、氟、磷、硫的非共价电子对),覆盖在金属表面而对金属起到保护作用(不含化学变化)。当有机化合物缓蚀剂以其极性基部分附于金属表面,其碳氢链非极性基部分则在金属表面形成屏蔽层(膜),从而起到抑制金属腐蚀的作用。此外,有的缓蚀剂与金属阳离子生成不溶性物质或稳定的络合物,在金属表面形成沉淀性保护膜,起到抑制金属腐蚀的作用。

(2)无机化合物缓蚀剂:其缓蚀作用原理是使金属表面氧化而生成钝化膜或改变金属腐蚀电位,使电位向更高的方向移动,来达到抑制金属腐蚀的目的。这类缓蚀剂又被称为钝化剂或阳性缓蚀剂。

还有些无机化合物缓蚀剂在腐蚀过程中抑制阴极反应而使腐蚀减缓,通过生成沉淀膜,对金属起保护作用。如磷酸钙抑制阴极反应,特别遇 Ca^{2+} 生成胶体磷酸钙,在阴极面上形成保护膜。

(3)含硫或含二氧化碳的油气井开采过程中使用的缓蚀剂:在硫化氢和二氧化碳同时存在的油气井中,硫化氢分压超过含硫化氢天然气和酸性天然气-油系统的界定条件时,则按硫化氢油气井采取抗硫措施。二氧化碳对金属材料(如防喷器、采油气井口、钻杆、套管等)的腐蚀是钻井工程中常见的一种腐蚀形式,其腐蚀速率受二氧化碳分压、温度、井内流体的流速、金属材料的合金元素、硫化氢的浓度、井内氯离子的浓度等因素的影响。

在含二氧化碳的油气井中,可根据二氧化碳分压的大小,决定是否采取抗二氧化碳腐蚀的措施。在含硫或含二氧化碳的油气井开采过程中,根据硫化氢或二氧化碳的含量对井下管材和地面设备的腐蚀程度,间歇地或连续地向井中注入缓蚀剂,也可将缓蚀剂以高压挤入地层,使其在开采过程中不断释放,达到保护井下管材和地面设备的目的。

3. 缓蚀剂的注入方法

注入方法可根据缓蚀剂特性和井内情况而定,一般采用周期注入和连续注入两种方式,具体如下:

(1)周期注入缓蚀剂:主要适用于关井和产气量小的井。金属表面形成的缓蚀剂膜愈固,两次注入之间的周期可愈长。

(2)连续注入缓蚀剂:可不断修补金属表面的缓蚀剂膜,维持它的覆盖层,适用于产气量大或产水量多的井。

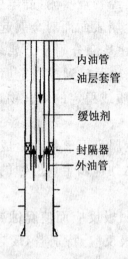
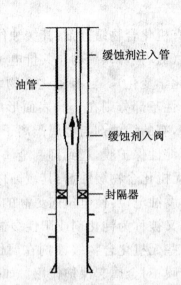

图 3-4   同心双管注入缓蚀剂示意图   图 3-5   小直径管柱泵法注入缓蚀剂示意图

(三)除硫剂

大多数除硫剂都是通过吸附或离子反应沉淀方式起作用,分为表面吸附和离子反应沉淀式。需了解除硫剂的特点,以有利于除硫剂充分发挥作用。除硫剂主要有铜、锌和铁的金属化合物。

1. 碳酸铜

铜化合物中,碳酸铜的除硫效果最好。铜离子和亚铜离子与二价硫化物离子反应生成惰性硫化铜和硫化亚铜沉淀,从而形成天然气中的硫化氢。目前,现场最常用的除硫剂为微孔碱式碳酸锌和氧化铁(海绵铁)。

2. 微孔碱式碳酸锌

碳酸锌作为除硫剂能避免碳酸铜带来的双金属腐蚀问题,但碳酸锌和硫化氢的反应受 pH 值的影响,如果 pH 值降低,则硫化氢可能再生,故碳酸锌作为除硫剂已被微孔碱式碳酸锌所取代。微孔碱式碳酸锌为一种白色、无毒、无臭的粉末状物质,其化学式为 $2ZnCO_3 \cdot 3Zn(OH)_3$ 或 $ZnCO_3 \cdot 3Zn(OH)_2$,它与硫化物反应生成不溶于水的硫化锌沉淀。当 pH 值在 9~11 时,其除硫效果最好。

另外,可形成溶液的锌有机化合物也是一种除硫剂,较之碱式碳酸锌,其分散得更均匀。锌有机化合物的含锌量为 20%~25%(质量分数),中和 1kg 硫化氢需 10kg 以上的锌有机化合物。

3. 氧化铁(海绵铁)

海绵铁是一种人工合成的氧化铁,其分子式为 Fe_3O_4,与硫化氢反应不受时间(反应瞬时完成)或温度的限制。海绵铁具有海绵的多孔结构,每克海绵铁具有约 $10m^3$ 的表面,其吸附能力强。与硫化氢反应生成性能较稳定的 FeS_2(黄铁矿),且不会使钻井液性能恶化。

海绵铁的密度与重晶石一样,其粒度范围在 $1.5～50\mu m$ 之间,其球状粒度均匀,产生的磨损较小。它的磁饱和度高,剩磁少,不被钻杆和套管吸附,因而还可替代重晶石起加重作用。

目前,国外除硫剂的开发方向为水溶性的锌有机化合物,其在使用时可配成溶液,比粉末状的碱性碳酸盐容易分配均匀。我国除硫剂的品种还有待进一步开发。

三、控制气质、流速及定期清管

(一)控制气质

要防止腐蚀发生,最好的办法是脱除天然气中的硫化氢和水等腐蚀性介质,控制进入管道天然气的气质达到管输标准。

原料气管线:天然气脱水结合缓蚀剂能有效控制含硫天然气管线的失重腐蚀。脱水工艺一般在气田都采用三甘醇脱水工艺、冷冻法脱水和分子筛脱水工艺(以前也用过硅胶脱水)。

(二)控制流速

设计和选择合理的集输管线管径、管输压力、气体流速(3～6m/s),使管内无积液或少积液,以减轻腐蚀。

(三)管线建成后严格执行清管和干燥措施

在管线施工过程中,有可能进水或在低凹处形成积水,一时不易清除干净。因此,在硫化氢条件下,就会产生腐蚀。如何在管道投产前减少管内壁的腐蚀,也是应当考虑的一个问题。应当用清管器对管线多次清管,把管内积液尽量清除,然后对管线进行干燥。干燥的方法有:氮气、干燥空气、甲醇、净化天然气以及抽真空等。干燥后的管线应充满净化天然气,要避免湿的空气再进入。

(四)腐蚀监测

在管输系统中建立气质监测系统,监测进气点天然气的硫化氢含量,水含量,控制进气气质。

四、采用新型材料

(一)油管及集气管道内壁涂层防腐

涂层材料一般为溶剂型耐蚀涂料和耐蚀粉末涂料。内壁涂层在川西南气矿和磨溪气田的油管以及四川气田的气田水输送管道上应用取得一定的经验。需要注意以下几点:

(1)选择适合的涂料。

(2)作好钢管表面的处理。

(3)要有好的涂敷工艺,确保涂层质量(厚度,外观平整无鼓泡,无涂漏、流挂等缺陷,针孔检查,端部裸露宽度)。

(4)解决好焊口裸露部分的修补。

但是焊接补口技术仍是一个难点,清管作业也可能损伤涂层,因此,还须进一步开展研究。

(二)管道衬里技术

管道衬里技术适用于输送腐蚀介质恶劣的气田水管道,也适用于集气管道。衬里方法多样,主要目的是将耐蚀的聚乙烯塑料或尼龙软管均匀地、紧密地贴在金属管道的内壁,形成完整的隔离层。

一种方法是将长度和管径相同的聚乙烯管涂满黏结剂牵入钢管内,固定端口,在塑料管内通入清管器使其胀开并紧密衬于钢管内壁。

另一种是反贴法,把涂有黏结剂的聚乙烯软管内面朝外反贴于钢管内壁并固定,用反翻机向内衬软管吹入压缩空气使内衬软管一边翻抹一边内贴向前推进,最后用橡胶清管器通过并挤压,使其紧贴于钢管内壁。衬里的方法可用于旧管道的修复,但一次施工的管道不宜太长,一般为 300~700m,然后将管道采用法兰连接。此外,还有使用钢骨架复合管作为防腐管用。

(三)采用耐蚀玻璃钢油管和玻璃钢输气管道

例如,川中油气矿为解决磨溪气田的腐蚀问题,引进了美国 STAR 公司耐蚀玻璃钢油管,在井下进行了较长时间的试验,较好地解决了井下腐蚀问题。同时,川中和蜀南气矿还采用了 Smith 公司生产的玻璃钢输送管,使用在含硫集气支线上,通过室内试验和一年的现场试验,生产正常,尚未发现问题。因此,玻璃钢输气管道在低压、低含硫化氢、小口径、边远地区、地形平缓的集气支线上使用,是有一定优势的。只要保证玻璃钢管的质量,在设计和施工上考虑扬长避短,防止外压和冲击载荷,平时加强检查和管理,还是具有一定的推广价值。

五、制定合理的加工和焊接工艺

(一)严格遵照有关标准规范

在设备设计、制造、安装、维修等环节严格遵照有关标准规范进行操作。例如:《钢制压力容器》(GB105);《天然气地面设施抗硫化物应力开裂金属材料要求》(SY/T0599);《控制钢制设备焊缝硬度与防止硫化物应力开裂技术规范》(SY/T0059);《手工电弧焊焊接接头的基本形式与尺寸》(GB985)等。

(二)制定合理的焊接工艺,控制焊缝硬度

优质碳素钢、普通低合金钢经冷加工或焊接时,会产生异常金相组织和残余应力,将增加氢脆和硫化物应力腐蚀破裂的敏感性。因而,这些加工件在使用前需进行高温回火处理,使硬度低于 HRC22。在现场焊接的设备、管线应缓慢冷却,使其硬度低于 HRC22。

焊缝接头的形式和尺寸必须符合《手工电弧焊焊接接头的基本形式与尺寸》(GB985)或《埋弧焊焊缝坡口的基本形式和尺寸》(GB986)的规定,选用焊接金属的化学成分与母材相近,且控制焊接金属中 Mn<1.6%,Si<1.0%;不进行焊后热处理的焊缝金属,残余元素铬、镍、钼的总和金属量不应超过 0.25%,C<0.15%;焊接金属的机械性能应与母材等强。

六、外、内防腐层

(一)外防腐层

防止埋地管道腐蚀的第一道防线是涂层,如果涂层的质量可靠,没有施工缺陷或缺陷很少,管道会受到很好的保护。《涂层基本原则》指出:"正确涂敷的涂层应该为埋地构件提供 99%的保护需求,而余下的 1%才由阴极保护提供。"

但涂层作用的发挥受诸多因素影响:如涂层材料的耐电性、抗老化及耐久性、抗根茎穿透能力、抗土壤应力、温度影响、湿度、应力等。实践证明,有严重外腐蚀的地方,首先是涂层被破坏失去保护作用,其次是涂层屏蔽 CP 电流,不能给予管道有效的保护,形成局部阳极而造成坑蚀。

四川气田以前建成的管线大多采用石油沥青涂层,但根据苏联的规定,石油沥青的使用寿命为 15 年,且具有机械强度低、抗根茎穿透能力差、吸水率大、老化

速率快、剥离强度低、易造成涂层剥离或损坏等缺点。因此,加强外腐蚀控制力度是极为重要的。除此之外,常用的防腐材料还有:聚乙烯黏胶带、熔结环氧、挤塑聚乙烯等。

近年普遍采用聚乙烯防腐涂层(二层 PE 和三层 PE 结构)。它既具有高黏结力、阴极剥离半径小的优良性能,又具有抗冲击性好、吸水率低、绝缘电阻高的优良性能,达到防腐性能和机械性能良好的组合,是一种比较完善的管道外防腐涂层。常见的外防腐层性能见表 3-2。

表 3-2　常见的外防腐层性能

项目	三层复合结构	熔结环氧粉末	煤焦油磁漆	挤出聚乙烯	胶带缠绕	石油沥青	涂蜡层
涂层材料	环氧粉末＋胶层＋聚乙烯	环氧树脂粉末	底漆＋磁漆＋内外包扎带	底胶＋聚乙烯	底胶＋胶带	石油沥青＋玻璃布＋塑料布	涂蜡层＋组分缠带＋外缠带
涂层结构	三层	一次成膜	薄涂多层	单层	多层	薄涂多层	
涂层厚度(mm)	2.5～3.5	0.3～0.5	3.0～5.0	2.0～5.0	0.7～2.2	4.0～7.0	最少 5.08
适用温度(℃)	－20～70	－30～110	－10～80(敏感)	－20～70	－20～70	－15～70(敏感)	
涂敷工艺	静电喷涂＋侧向缠绕	静电喷涂	热敷缠绕	纵向挤出或侧向缠绕	侧向缠绕	热敷缠绕	热敷缠绕
施工工艺	工厂预制	工厂预制	工厂预制和沿沟机械	工厂预制	工厂预制和沿沟机械	工厂预制和沿沟机械	移动式机械涂敷和手工
除锈要求	Sa2.5	Sa2.5	Sa2.5	Sa2.5	Sa2.5	St3 或 Sa2.0	采用溶剂清洗
补口工艺	液态环氧树脂涂刷＋热收缩套	环氧粉末喷涂或热收缩套	煤焦油磁漆热浇涂或热收缩套	聚乙烯电热熔套或热收缩套	本体胶带	石油沥青现场浇涂,热烤缠带	冷涂蜡缠带
环境污染	很小	很小	大	很小	无	较大	

（续表）

项目	三层复合结构	熔结环氧粉末	煤焦油磁漆	挤出聚乙烯	胶带缠绕	石油沥青	涂蜡层
适用地区	适用于各种环境的管段，尤其是机械强度要求高、土壤应力强、腐蚀性强的地段。	适用于除架空管道外的一切埋地管道，但山区石方段慎用，特别适用于定向钻穿越。	适用于温度条件适中，土质对防腐层无过高要求及地下水位高，植物根茎茂盛，细菌腐蚀性强地区。不适用对防腐层机械强度要求高的地段，恶劣环境温度下施工难。	适用于各种环境工艺条件，尤其是机械强度要求较高，土壤应力破坏严重的地带，目前主要用于小口径管道。	适用于机械强度要求一般，地下水位较低的场合，尤其适合现场野外作业。	适用于温度适中，土壤腐蚀等级弱至中等，含水量不高，对土质防腐层机械强度要求不高的地段，不适用于石方段、植物根茎发达、沼泽、盐渍土强腐蚀地段。	与石油沥青应用环境基本相同。
主要优缺点	黏结力强、绝缘性能好、耐磨、耐冲击、耐化学腐蚀、耐植物根茎穿透。价格较高，涂敷工艺要求高。	黏结力强、耐磨、适用温度范围宽，耐化学腐蚀，电绝缘性能好，耐阴极剥离性能优异。现场补口要求高，价格较高，耐光老化性能较差。	防腐、绝缘性能好，吸水率低、耐老化，耐细菌腐蚀和植物根茎穿透，国内原料充足。机械强度较低，使用温度范围较窄，易污染环境。	绝缘性能好、耐磨、吸水率低、耐植物根茎穿透、耐冲击、耐化学腐蚀。耐光老化性能差，与钢管附着力差。	绝缘性能好、耐磨、吸水率低、耐植物根茎穿透、低温性能好、施工简便易行。机械强度相对较差，耐高温性能差，钢管焊缝较高会造成搭接不平。	原料立足国内，工程造价较低，施工经验丰富，防腐作业完善。吸水率高，不耐植物根茎穿透，耐温度变化差，现场补口不易控制。	原材料丰富，成本低。优缺点基本与沥青相同。

（二）内防腐层

高含硫化氢气田集输管道系统的内腐蚀控制设计、运行中管线系统的腐蚀控制、腐蚀控制效果的评定等要求，均应符合《高含硫化氢气田集输管道系统内腐蚀控制要求》（SY/T0611—2008）的要求，具体要求和方法等参见标准。

七、采用阴极保护

多年的实践证明，最为经济有效的腐蚀控制措施主要是覆盖层（涂层）加阴极保护。与国外相比，我国75％的防蚀费用在涂装上，而电化学保护使用得相对较低。阴极保护是防腐层保护必不可少的一种补充手段。它的原理就是使被保护的金属阴极化，以减少和防止金属腐蚀。阴极保护其操作简便、投资少、维护费用低、保护效果好。其投资一般占管道总投资的1%左右。

阴极保护技术有两种:牺牲阳极阴极保护和强制电流(外加电流)阴极保护。

(一)牺牲阳极阴极保护技术

牺牲阳极阴极保护技术是一种用电位比所要保护的金属还要负的金属或合金与被保护的金属电性连接在一起,依靠电位比较负的金属不断地腐蚀溶解所产生的电流来保护其他金属。

1. 优点

(1)一次投资费用偏低,且在运行过程中基本上不需要支付维护费用。

(2)保护电流的利用率较高,不会产生过保护。

(3)对邻近的地下金属设施无干扰影响,适用于厂区和无电源的长输管道,以及小规模的分散管道保护。

(4)具有接地和保护兼顾的作用。

(5)施工技术简单,平时不需要特殊专业维护管理。

2. 缺点

(1)驱动电位低,保护电流调节范围窄,保护范围小。

(2)使用范围受土壤电阻率的限制,即土壤电阻率大于$50\Omega \cdot m$时,一般不宜选用牺牲阳极保护法。

(3)在存在强烈杂散电流干扰区,尤其受交流干扰时,阳极性能有可能发生逆转。

(4)有效阴极保护年限受牺牲阳极寿命的限制,需要定期更换。

(二)强制电流阴极保护技术

强制电流阴极保护技术是在回路中串入一个直流电源,借助辅助阳极,将直流电通向被保护的金属,进而使被保护金属变成阴极,实施保护。

1. 优点

(1)驱动电压高,能够灵活地在较宽的范围内控制阴极保护电流输出量,适用于保护范围较大的场合。

(2)在恶劣的腐蚀条件下或高电阻率的环境中也适用。

(3)选用不溶性或微溶性辅助阳极时,可进行长期的阴极保护。

(4)每个辅助阳极床的保护范围大,当管道防腐层质量良好时,一个阴极保护站的保护范围可达数十千米。

(5)对裸露或防腐层质量较差的管道也能达到完全的阴极保护。

2. 缺点

(1)一次性投资费用偏高,而且运行过程中需要支付电费。

（2）阴极保护系统运行过程中，需要严格的专业维护管理。

（3）离不开外部电源，需常年外供电。

（4）对邻近的地下金属构筑物可能会产生干扰作用。

（三）阴极保护效果的判据

1. 普通钢阴极保护准则

施加阴极保护时被保护结构物的电位负移至少达到$-850mV$或更负；相对于饱和硫酸铜参比电极（CSE）的负极化电位至少为$850mV$；在构筑物表面与接触电解质的稳定参比电极之间的阴极极化值最小为$100mV$；存在硫酸盐还原菌的环境，被保护结构物的电位负移至$950mV$（CSE）或更负。

2. 铝合金阴极保护准则

构筑物与电解质中稳定参比电极之间的阴极极化值最小为$100mV$，准则适用于极化建立或衰减过程；极化电位不应负于$-1200mV$（CSE）。

3. 铜合金阴极保护准则

构筑物与电解质中稳定参比电极的阴极极化值最小为$100mV$，极化建立或衰减过程均可以被应用。

4. 异种金属阴极保护准则

所有金属表面与电解质中稳定参比电极之间的负电压等于活性最强的阳极区金属的保护电位。

5. 高强钢阴极保护准则

$700MPa$以上的钢腐蚀速率降低至$0.0001mm/a$的保护电位为$-760\sim-790mV$（Ag/AgCl）；在存在硫酸盐还原菌的环境下，钢屈服强度大于$700MPa$，保护电位应在$-800\sim-950mV$（Ag/AgCl）的范围内；屈服强度大于$800MPa$的钢，其保护电位应不低于$-800mV$（Ag/AgCl）。

思考题：

1. 影响元素硫沉积的主要因素有哪些？

2. 管线解堵作业的安全管理及硫化氢防护措施是什么？

3. 天然气采输作业生产过程中主要有哪些受限空间？简述进入受限空间作业的防护措施。

4. 结合生产实际，简述天然气采输作业生产过程中硫化氢腐蚀防护技术措施。

第四章 急性硫化氢中毒的急救

第一节 硫化氢中毒的表现及其诊断

急性硫化氢中毒一般发病迅速，出现以脑和（或）呼吸系统损害为主的临床表现，亦可伴有心脏等器官功能障碍。临床表现可因接触硫化氢的浓度等因素不同而有明显差异。

一、损伤的系统出现的症状

（一）中枢神经系统损害

接触较高浓度硫化氢后，此种损害最为常见，可出现头痛、头晕、乏力、共济失调，发生轻度意识障碍等症状，常先出现眼和上呼吸道刺激症状。

接触高浓度硫化氢后以脑病表现为显著，出现头痛、头晕、易激动、步态蹒跚、烦躁、意识模糊、谵妄、癫痫样抽搐（可呈全身性强直一阵痉挛发作）等症状；可突然发生昏迷；也可发生呼吸困难或呼吸停止后心跳停止。眼底检查，个别病例可见视神经乳头水肿。部分病例可同时伴有肺水肿。脑病症状常较呼吸道症状的出现为早，可能因发生黏膜刺激作用需要一定时间。

接触极高浓度硫化氢后可发生电击样死亡，即在接触后数秒或数分钟内呼吸骤停，数分钟后可发生心跳停止；也可立即或数分钟内昏迷，并可导致呼吸骤停而死亡。死亡可在无警觉的情况下发生，当察觉到硫化氢气味时可立即嗅觉丧失，少数病例在昏迷前瞬间可嗅到令人作呕的甜味。死亡前一般无先兆症状，可先出现呼吸深而快，随之呼吸骤停。

急性中毒时多在事故现场发生昏迷，其程度因接触硫化氢的浓度和时间而异，偶可伴有呼吸衰竭。部分病例在脱离事故现场或转送医院途中即可复苏。到达医院时仍维持生命体征的患者，如无缺氧性脑病，多恢复较快。昏迷时间较

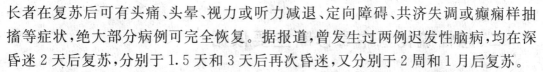

长者在复苏后可有头痛、头晕、视力或听力减退、定向障碍、共济失调或癫痫样抽搐等症状,绝大部分病例可完全恢复。据报道,曾发生过两例迟发性脑病,均在深昏迷2天后复苏,分别于1.5天和3天后再次昏迷,又分别于2周和1月后复苏。

中枢神经症状极严重,而黏膜刺激症状不明显。可能因接触时间短,尚未发生刺激症状;或因全身症状严重而易引起注意之故。

急性中毒早期或仅有脑功能障碍而无形态学改变者,对脑电图和脑解剖结构成像术,如电子计算机断层脑扫描(CT)和磁共振成像(MRI)的敏感性较差,而对单光子发射电子计算机脑扫描(SPECT)、正电子发射扫描(PET)异常与临床表现,神经电生理检查的相关性好。如中毒深昏迷后呈去皮质状态,CT显示双侧苍白球部位有密度减低灶。又如中毒昏迷患者的头颅CT和MRI无异常;于事故后三年检查PET显示双侧颞叶、顶叶下、左侧丘脑、纹状体代谢异常;半年后SPECT显示双侧豆状核流量减少,大脑皮质无异常。患者有嗅觉减退、锥体外系体征、记忆缺陷等表现。国外报道15例有反复急性硫化氢中毒史者后遗疲乏、嗜睡、头痛、激动、焦虑、记忆减退等症状。

(二)呼吸系统损害

硫化氢通过呼吸道进入机体与呼吸道内水分接触后很快溶解并与钠离子结合成硫化钠对眼和呼吸道黏膜产生强烈的刺激作用,可出现化学性支气管炎、肺炎、肺水肿、急性呼吸窘迫综合特征等。少数中毒病例以肺水肿的临床表现为主,而神经系统症状较轻,可伴有眼结膜炎、角膜炎。

(三)心肌损害

在中毒病程中,部分病例可发生心悸、气急、胸闷或心绞痛样症状;少数病例在昏迷恢复、中毒症状好转1周后发生心肌梗死样表现。心电图呈急性心肌梗死样图形,但可很快消失。其病情较轻,病程较短,预后良好,诊疗方法与冠状动脉样硬化性心脏病所致的心肌梗死不同,故考虑为弥漫性中毒性心肌损害。心肌酶谱检查可有不同程度异常。

综上所述,按吸入硫化氢浓度及时间不同,临床表现轻重不一,轻者主要是刺激症状,表现为流泪、眼刺痛、流涕、咽喉部灼热感,或伴有头痛、头晕、乏力、恶心等症状,检查可见眼结膜充血、肺部可有干啰音,脱离接触后短期内可恢复;中度中毒者黏膜刺激症状加重,出现咳嗽、胸闷、视物模糊、眼结膜水肿及角膜溃疡,有明显头痛头晕等症状,并出现轻度意识障碍、肺部闻及干性或湿性啰音、X线胸片显示肺纹理增强或有片状阴影;重度中毒出现昏迷肺水肿、呼吸循环衰竭,吸入极高浓度(1000mg/m³以上)时可出现"闪电型死亡",严重中毒可留有神经精神后遗症。

二、急性硫化氢中毒诊断主要依据

(1)有明确的硫化氢接触史患者的衣着和呼气有臭蛋气味可作为接触指标,事故现场可产生或测得硫化氢,患者在发病前闻到臭蛋气味可作参考。

(2)临床特点:出现上述脑和(或)呼吸系统损害为主的临床表现。

(3)实验室检查:目前尚无特异性实验室检查指标。

①血液中硫化氢或硫化物含量增高可作为吸收指标,但与中毒严重程度不一致,且其半减期短,故需在停止接触后短时间内采血。

②尿硫代硫酸盐含量可增高,但可受测定时间及饮食中含硫量等因素干扰。

③血液中硫血红蛋白(Sulfhemoglobin,SHB)不能作为诊断指标,因硫化氢不与正常血红蛋白结合形成硫血红蛋白,后者与中毒机制无关;许多研究表明硫化氢致死的人和动物血液中均无显著的硫血红蛋白浓度。

④尸体血液和组织中含硫量可受尸体腐化等因素干扰,影响其参考价值。

4.鉴别诊断:事故现场发生电击样死亡应与其他化学物如一氧化碳或氰化物等急性中毒、急性脑血管疾病、心肌梗死等相鉴别,也需与进入含高浓度甲烷或氮气等化学物造成空气缺氧的环境而致窒息相鉴别。其他症状亦应与其他病因所致的类似疾病或昏迷后跌倒所致的外伤相鉴别。

三、硫化氢中毒的诊断分级标准

(一)接触反应

接触硫化氢后出现眼刺痛、羞明、流泪、结膜充血、咽部灼热感、咳嗽等眼和上呼吸道刺激表现,或有头痛、头晕、乏力、恶心等神经系统症状,脱离接触后在短时间内消失者。

(二)轻度中毒

具有下列情况之一者:

(1)明显的头痛、头晕、乏力等症状并出现轻度至中度意识障碍。

(2)急性气管-支气管炎或支气管周围炎。

(三)中度中毒

具有下列情况之一者:

(1)意识障碍表现为浅至中度昏迷。

(2)急性支气管肺炎。

(四)重度中毒

具有下列情况之一者:
(1)意识障碍程度达深昏迷或呈植物状态。
(2)肺水肿。
(3)猝死。
(4)多脏器衰竭。

第二节 硫化氢中毒的急救处理

一、硫化氢中毒的早期抢救

(1)进入毒气区抢救中毒者,必须先戴上空气呼吸器。

(2)迅速将中毒者从毒气区抬到通风且空气新鲜的上风地区,其间不能乱抬乱背,应将中毒者放于平坦干燥的地方。

(3)如果中毒者没有停止呼吸,应使中毒者处于放松状态,解开其衣扣,保持其呼吸道的通畅,并给予输氧,随时保持中毒者的体温。(表 4-1)

表 4-1 人体体温参考值

测量部位	正常温度(℃)	安放部位	测量时间(min)	使用对象
口腔	36.5～37.5	舌下闭口	3	神志清醒成人
腋下	36～37	腋下深处	5～10	昏迷者
肛门	37～38	1/2 插入肛门内	3	婴幼儿

(4)如果中毒者已经停止呼吸和心跳,应立即进行人工呼吸和胸外心脏按压,有条件的可使用呼吸器代替人工呼吸,直至呼吸和心跳恢复正常。

正常人一般脉搏为 60～100 次/min,大部分为 70～80 次/min 之间,每分钟快于 100 次为过速,慢于 60 次为过缓;正常成人呼吸频率为 16～20 次/min。

二、现场抢救

(一)现场抢救

现场抢救极为重要。因空气中含极高硫化氢浓度时常在现场引起多人电击样死亡,如能及时抢救可降低死亡率,减少转院人数减轻病情。应立即使患者脱离现场至空气新鲜处。有条件时立即给予吸氧。现场抢救人员应有自救互救知识,以防抢救者进入现场后自身中毒。

(二)维持生命体征

对呼吸或心脏骤停者应立即施行心肺脑复苏术。对在事故现场发生呼吸骤停者如能及时施行人工呼吸,则可避免随之而发生心脏骤停。但是不能施行口对口人工呼吸,防止吸入患者的呼出气或衣服内逸出的硫化氢,发生二次中毒事故。

(三)以对症、支持治疗为主

高压氧治疗对加速昏迷的复苏和防治脑水肿有重要作用,凡昏迷患者,不论是否已复苏,均应尽快给予高压氧治疗,但需配合综合治疗。对中毒症状明者需早期、足量、短程给予肾上腺糖皮质激素,有利于防治脑水肿、肺水肿和心肌损害。控制抽搐及防治脑水肿和肺水肿。较重患者需进行心电监护及心肌酶谱测定,以便及时发现病情变化,及时处理。对有眼刺激症状者,立即用清水冲洗,对症处理。

(四)应用高铁血红蛋白形成剂

关于应用高铁血红蛋白形成剂的指征和方法等尚无统一意见。从理论上讲高铁血红蛋白形成剂适用于治疗硫化氢造成的细胞内窒息,而对神经系统反射性抑制呼吸作用则无效。适量应用亚硝酸异戊酯、亚硝酸钠或4-二甲基氨基苯酚(4-DMAP)等,使血液中血红蛋白氧化成高铁血红蛋白,后者可与游离的硫氢基结合形成硫高铁血红蛋白(Sulfmethemoglobin,SMHB)而解毒;并可夺取与细胞色素氧化酶结合的硫氢基,使酶复能,以改善缺氧。但目前尚无简单可行的判断细胞内窒息的各项指标,且硫化物在体内很快氧化而失活,使用上述药物反而加重组织缺氧。亚甲蓝(美蓝)不宜使用,因其大剂量时才可使高铁血红蛋白形成,剂量过大则有严重副作用。目前使用此类药物只能由医师临床经验来决定。

三、一般的护理知识

(1)若中毒者被转移到新鲜空气区后能立即恢复正常呼吸,可认为其已迅速恢复正常。

（2）当呼吸和心跳完全恢复后，可给中毒者饮些兴奋性饮料（如浓茶、浓咖啡）。

（3）如果中毒者眼睛受到轻微损害，可用清水清洗或冷敷，并给予抗生素眼膏或眼药水，或用醋酸可的松眼药水滴眼，每日数次，直至炎症好转。

（4）哪怕是轻微中毒，也要休息 1～2 天，不得再度受硫化氢伤害；因为被硫化氢伤害过的人，对硫化氢的抵抗力变得更低了。

四、中毒者的搬运

下列基本技术可用来将一个中毒者从硫化氢毒气中撤离出来。

1. 拖两臂

作用：这种技术可以用来抢救有知觉或无知觉的个体中毒者。如果中毒者无严重受伤，即可用两臂拖拉法（图 4-1）。

(a)   (b)

图 4-1 两臂拖拉法

2. 拖衣服

作用：这种救护法的好处是不用弯曲中毒者的身体，就可以立刻将中毒者移开（图 4-2）。

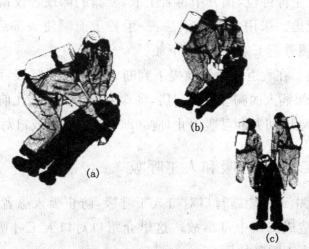

(a)   (b)   (c)

图 4-2 拖衣法

3. 两人抬四肢

作用:当有几个救护人员时,这种方法就可被使用。中毒者可以是有知觉的,也可以是神志不清的。这种救护方法可以在一些受限的救护情况下采用。(图 4-3)

(a)　　　　　　　　(b)

图 4-3　两人抬四肢法

五、人工心肺复苏术

人工心肺复苏术(cardio-pulmonary resuscitation,CPR)是心跳呼吸骤停后,现场进行的紧急人工呼吸和胸外心脏按压(也称人工循环)技术。下面讲述 CPR 的步骤和技术。

(一)步骤一:判断意识畅通呼吸道

(1)判断中毒者有没有意识。方法:轻轻摇动中毒者的肩部,高呼其名字或者"喂,怎么啦?"若无反应,立即用手指掐人中和合谷两个穴位。

(2)呼救:招呼周围的人前来协助抢救,并拨打急救电话120。

(3)将患者置于仰卧位,揭开中毒者上衣,暴露胸部或者仅留下内衣。

(4)畅通呼吸道。采用举头抬颏法:一手置于前额使头部后仰,另一手的食指和中指置于下颌骨近下颏处,抬起下颏。

(5)判断呼吸。在气道畅通的前提下判断中毒者有无呼吸,可通过看、听和感觉来判断呼吸,如果病人的胸廓没有起伏,将耳朵伏在病人鼻孔前既听不到呼吸声也感觉不到气体流出,可判断呼吸停止,应立即进行口对口或口对鼻人工呼吸。

(二)步骤二:判断呼吸和人工呼吸

注意,硫化氢中毒不能施行口对口人工呼吸,防止吸入患者的呼出气或衣服内逸出的硫化氢造成二次中毒事故。这里介绍口对口人工呼吸,主要针对其他可以实施口对口人工呼吸的场合。

1. 人工呼吸的要点(以口对口人工呼吸为例):

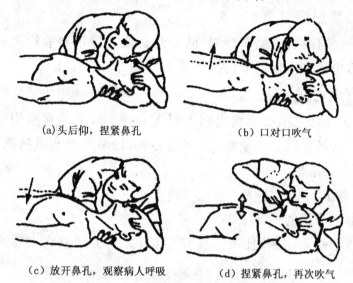

(a)头后仰,捏紧鼻孔　　　(b)口对口吹气

(c)放开鼻孔,观察病人呼吸　　　(d)捏紧鼻孔,再次吹气

图 4-4　口对口人工呼吸法

(1)保持病人头后仰、呼吸道畅通和口部张开。

(2)抢救者跪伏在病人的一侧,用一只手的掌根部轻按病人前额,同时用拇指和食指捏闭病人的鼻孔(捏紧鼻翼下端)。

(3)抢救者深吸一口气后,张开口紧紧包绕病人的口部,使口鼻均不漏气。

(4)用力快速向病人口内吹气,使病人胸部上抬。

(5)一次吹气量约为 500~600mL。

(6)一次吹气完毕后,口应立即与病人口部脱离,同时捏鼻翼的手松开,掌根部仍按压病人前额部以便病人呼气时可同时从口和鼻孔出气,确保呼吸道畅通。抢救者轻轻抬起头,眼视病人胸部,此时病人胸廓应向下塌陷。抢救者再吸入新鲜空气,作下一次吹气准备(图 4-4)。

2. 注意事项

(1)吹气时要感觉气道阻力,如果阻力较大并且胸部吹气时不上抬,要考虑气道是否被堵塞,因再加大吹气量有可能使异物落入深部,此时要及时清除呼吸道异物。

(2)吹气量不易过大,过大容易造成胃扩张及胃反流,甚至"误吸"。

(3)如同时有心脏按压,吹气时暂停胸部按压。

(三)步骤三:胸外心脏按压

胸外心脏按压是指用人工的方法使血液在血管内流动,使人工呼吸后含氧的血液从肺部血管流向心脏,再注入动脉,供给全身重要脏器来维持其功能,尤其是脑功能。

1. 操作的禁忌症

凡有胸壁开放性损伤、胸廓畸形、肋骨骨折或心包填塞等均应列为胸外心脏按压的禁忌症,中毒者出现以上情况不能进行胸外心脏按压。

2. 判断有无心跳

在进行人工循环之前必须确定病人有无心跳。成人通常采用触摸颈动脉的方法来判断,因为颈动脉是大动脉,又靠近心脏,最易反映心脏搏动情况,而且便于触摸,易学会,易掌握。

具体操作方法:

(1)在畅通呼吸道的情况下进行。

(2)一手置于病人前额,使头部保持后仰,另一手触摸病人靠近抢救者一侧的颈动脉。

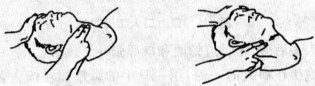

(a)中指、食指置于颈前甲状软骨外侧　　(b)手指向颈动脉沟滑动

（c）婴幼儿触摸腋部腋动脉

图 4-5　判断有无脉搏

(3)用食指及中指指尖先触到喉部,男性可先触及喉结,然后向外滑移 2～3cm ,在气管旁软组织深部轻轻触摸颈动脉。(图 4-5)

(4)检查时间一般不超过 5～10 秒,以免延误抢救。

3. 注意事项

(1)触摸颈动脉不能用力过大,以免压迫颈动脉影响头部供血(如有心跳者)、或将颈动脉推开影响感知、或压迫气道影响通气,故要轻轻触摸。

(2)不要同时触摸双侧颈动脉,以免造成头部血流中断。

(3)避免两种错误:一是病人本来有脉搏,因判断位置不准确或感知有误,结果判断病人无脉搏;二是病人本来无脉搏,而检查者将自己手指的脉搏误认为病人的脉搏。

(4)判断颈动脉搏动要综合判断,结合意识、呼吸、瞳孔、面色等。如无意识、面色苍白或紫红,再加上触摸不到颈动脉搏动,即可判定心跳停止。

(5)因婴幼儿颈部短加上肥胖,不易触及颈动脉,可触及其腋动脉。方法是将上臂外展,拇指置于上臂外侧,食指和中指置于上臂内侧中部。(图 4-5)

4. 胸外心脏按压的步骤和技术

(1)按压手势:按压在胸骨上的手不动,将定位的手抬起,用掌根重叠放在另一手的掌背上,手指交叉扣,抓住下面的手掌,下面手的手指伸直,这样只使掌根紧压在胸骨上。

(2)确定按压部位(定位):病人处于仰卧位,双手置于身体两侧,抢救者位于病人一侧。用食指和中指并拢,沿病人肋弓下缘上滑至两侧肋弓交叉处的切迹。以切迹为标志,然后将食指和中指横放在胸骨下切迹的上方,另一手的掌根紧贴食指上方,按压在胸骨上。(图 4-6)

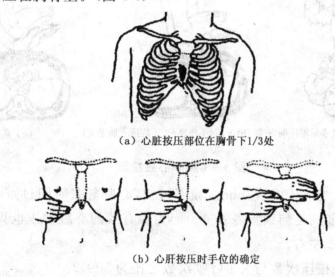

(a)心脏按压部位在胸骨下1/3处

(b)心肝按压时手位的确定

图 4-6　胸外心脏按压时手的位置

(3)按压姿势:抢救者双臂伸直关节固定不能弯曲,肘双肩部位于病人胸部正上方,垂直下压胸骨(图 4-7)。按压时肘部弯曲或两手掌交叉放置均是错误的(图 4-8)。

图 4-7　抢救者双臂绷直　　　　图 4-8　肘部弯曲

(4)按压用力及方式:按压应平稳有规律进行。

应注意以下几点：

①成人应使胸骨下陷 4～5cm ，用力太大易造成肋骨骨折，用力太小达不到有效作用；

②垂直下压，不能左右摇摆；

③不能冲击式猛压；

④下压时间与向上放松时间相等（即 1∶1 ）；

⑤下压至最低点应有一明显停顿；

⑥放松时手掌根部不要离开胸骨按压区皮肤，但应尽量放松。（图 4-9）

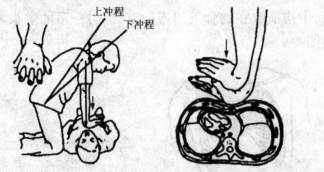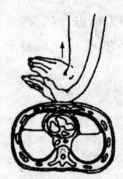

(a) 抢救者体位及手掌根压胸方式　(b)下压(手指翘起,不应压在胸壁上)　(c) 放松

图 4-9　胸外心脏按压

⑦按压频率：成人 100 次/min。频率过快，心脏舒张时间过短，得不到较好的充盈；过慢，不能满足脑细胞需氧量。因为最有效的心脏按压也只有心脏自主搏动搏血量的 1/3 左右。

(5)胸外心脏按压次数与人工呼吸次数之比为 30∶2。

(四)CPR 成功的关键点

(1)复苏开始得越早越好。

(2)要在 4 分钟内完成 5 个 CPR 周期。一个 CPR 周期包括两次人工呼吸和 30 次胸外心脏按压。

(五)CPR 有效指标

(1)面色或者口唇由紫绀变为红润。

(2)神志恢复,由眼球的活动或者手脚开始活动。

(3)出现自主的呼吸。

(4)瞳孔由大变小。

(六)现场抢救人员停止 CPR 的条件

(1)威胁人员安全的危险迫在眉睫。

(2)呼吸和循环已得到有效恢复。

(3)已由医师接受开始急救。

(4)医师判断中毒者死亡。

第三节　伤口止血包扎技术

在天然气采输作业过程中,经常会发生碰撞、物体打击、机械伤害等事故,造成人伤口出血,若不能及时得到救助,可能会发生出血过多导致死亡。因此,有必要介绍伤口止血包扎技术,提高员工的自救和互救能力,减少或避免发生出血过多导致死亡等事故。

一、外伤止血法

一般成人总血量为 4000mL 左右。短时间内丢失总血量的 1/3 时(约1300mL),就会发生休克。表现为脸色苍白,出冷汗,血压下降,脉搏细弱等。如果丢失总血量的一半(约 2000mL),则组织器官处于严重缺血状态,很快可导致死亡。对出血量的评估见表 4-2。

表 4-2　出血量的评估

	出血量	占体重百分比	主要症状
小出血	<500mL	10%～15%	症状不明显
中出血	<1500mL	15%～30%	头晕,眼花,心慌,面色苍白,呼吸困难,脉细,血压下降
大出血	>1500mL	30%以上	严重呼吸困难,心力衰竭,休克,出冷汗,四肢发凉,血压下降

出血的性质也与止血有关。动脉出血,血色鲜红,出血速度快,呈喷射状,并随心脏搏动而断续地向外射出,多发生在断裂动脉的近心端,出血点易发现,如不及时止血,短期内可大量失血,故危险性大。静脉出血,血色暗红,流速缓慢,多发生在断裂静脉的远心端,失血量因损伤静脉大小而不同,其危险性小于动脉出血。毛细血管出血,血色鲜红,血液从创面渗出或流出,出血缓慢、量小、

危险性小。

下面介绍几种常见的外伤止血法：

(一)包扎止血

一般限于无明显动脉性出血为宜。小创口出血，有条件时先用生理盐水冲洗局部，再用消毒纱布覆盖创口，绷带或三角巾包扎。无条件时可用冷开水冲洗，再用干净毛巾或其他软质布料覆盖包扎。如果创口较大而出血较多时，要加压包扎止血。包扎的压力应适度，以达到止血而又不影响肢体远端血运为度。包扎后若远端动脉还可触到搏动，皮色无明显变化即为适度。严禁用泥土、面粉等不洁物撒在伤口上，造成伤口的污染，而且给下一步清创带来困难。

(二)指压法止血

用于急救处理较急剧的动脉出血。手头一时无包扎材料和止血带时，或运送途中放止血带的间隔时间，可用此法。手指压在出血动脉的近心端的邻近骨头上，阻断血运来源。方法简便，能迅速有效地达到止血目的，缺点是止血不易持久。事先应了解正确的压迫点，才能见效。

常用压迫止血点：

1. 头面部

压迫颞动脉：手指压在耳前下颌关节处，可止同侧上额、颞部及前头部出血。

压迫颌外动脉：一手固定头部，另一手拇指压在下颌角前下方 2～3cm 处，可止同侧脸下部及口腔出血。

压迫颈动脉：将同侧胸锁乳突肌中段前缘的颈动脉压至颈椎横突上，可止同侧头颈部、咽部等较广泛出血。注意压迫时间不能太长，更不能两侧同时压迫，引起严重脑缺血，更不要因匆忙而将气管压住，引起呼吸受阻。

2. 肩部和上肢出血

压迫锁骨下动脉：在锁骨上窝内 1、3 处按到动脉搏动后，将其压在第一肋骨上，可止肩部、腋部及上肢出血。

压迫肱动脉：在肱二头肌沟骨触到搏动后，将其压在肱骨上，可止来自上肢下端前臂，手部的出血。

3. 下肢出血

压迫股动脉：在腹股沟韧带中点处，将其用力压在股骨上，可止下肢出血。

(三)止血带法止血

较大的肢体动脉出血，且为运送伤员方便起见，应上止血带。用橡皮带、宽布条、三角巾、毛巾等均可。用止血带在出血部位的近心端,将肢体用力绑扎,以阻断血流,达到止血的目的,此法止血彻底可靠但易引起或加重肢体坏死及急性肾功能不全等并发症。

1. 适应症

四肢较大血管出血。

2. 用物

宽布带、橡皮止血带等。

3. 止血带的部位

上臂1/3处(约距腋窝一横掌处)及大腿距腹股沟一横掌处,伤口的近心端,距伤口最近处。

4. 操作方法

抬高患肢,使静脉血回流一部分 → 在上止血带的部位以布巾或纱布衬垫,使压力均匀分布并减少对软组织的损害 → 绑扎止血带:分橡皮止血带止血法和布带绞带止血法。

5. 注意事项

(1)时间:尽量缩短,以1小时为宜,最长不超过4小时,应每隔半小时放松一次,每次1～2分钟,再在该平面上绑扎,禁止在同一部位反复绑扎。

(2)标记:病人佩戴止血带卡,注明开始时间、部位、放松时间,便于照护者或转运时了解情况。

(3)保暖:因肢体阻断血流后,抗寒能力低下,易发生冻伤。

(4)观察:严密观察病人转运途中伤情及患肢情况,如止血带是否脱落,患肢如有剧痛、发紫、坏死,说明止血带绑扎过紧,应予调整。

(5)放松:放松后如出血严重可用手压迫出血动脉;如已不出血,则不需继续使用,但不立即取掉,应维持松开状态,继续观察,确实不出血后或经过医疗单位进一步止血处理后方可取掉。

(6)停用:停用止血带时应缓慢松开,防止肢体突然增加血流,伤及毛细血管及影响全身血液的重新分布,甚至使血压下降,取下止血带后应轻轻抚摩伤肢、缓解冰冷、麻木等不适的感觉。

(7)禁忌:伤肢远端明显缺血或有严重挤压伤时禁用此种方法止血。

(四)屈肢加压法

1. 适应症

四肢出血。

2. 操作方法

用纱布垫或棉花(毛巾、绷带、布卷等)放在腋窝、肘窝、腘窝或腹股沟处,用力屈曲关节,并以绷带或三角巾缚紧固定,以控制关节远端血流而达到止血目的,见图 4-10。

3. 注意事项

四肢有骨折时禁用;已有或疑有关节损伤时禁用。

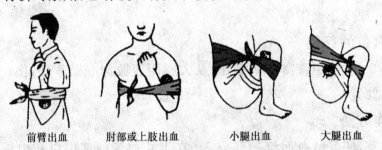

| 前臂出血 | 肘部或上肢出血 | 小腿出血 | 大腿出血 |

图 4-10　屈肢加压法止血

二、对不同部位采用不同的包扎技巧

(一)绷带的使用方法

1. 环形法

此法通常用于包扎手腕部及粗细大致相等的部位,如胸部、腹部。将绷带做环形重叠缠绕,第一圈做环绕时稍呈斜形,第二圈、第三圈以环形缠绕压住第一圈,在绷带末端剪出两个布条,对绕肢体后打结。

2. 螺旋形法

此法适用于前臂、手指、躯干等处。多用于粗细大致相等且大面积受伤的肢体的包扎。使绷带螺旋向上,每圈应压在前一圈的 1/2 处。

3. 螺旋反折法

此法多用于前臂、大小腿。由下而上,先做螺旋状缠绕,待到渐粗的地方,每圈把绷带反折一下,盖住前一圈的 1/3～2/3。

4. 蛇形法

多用于夹板之间的固定。将绷带环形缠绕数圈后,以一定间隔斜行缠绕,在末端按环形缠绕后打结。

5. "8"字形法

此法多用于肩、髂、膝、髁等处的包扎。本包扎法是将绷带一圈向上,再一圈向下,每圈在正面和前一圈相交叉,并压盖在前一圈的 1/2 处。

6. 回返法

此法多用于头和断肢端。用绷带多次来回反折。第一圈常从中央开始,接着各圈一左一右进行缠绕,直至将伤口全部包住,用环形缠绕将所反折的各端包扎固定。

(二)三角巾的使用方法

将长宽约 1 米的布(或衣服)沿对角线剪开即成两块大三角巾。

1. 面部包扎法

在三角巾的顶角打一个结,然后把顶角放在头顶部,三角巾的中心部分包住面部,在耳、眼、鼻及嘴的地方剪洞,把左右底角拉到颈后交叉,再绕到前额打结。

2. 头部包扎法

将三角巾底边的正中点放在前额,两底角绕到脑后,交叉后经耳绕到额部拉紧打结,最后将顶角嵌入底边,向上反折后打结固定。

3. 腹部包扎法

将三角巾底边横放于上腹部,两底角拉向后方紧贴腰部打结,顶角朝下,在顶角处接一小带,将顶角从两腿之间拉向臀部,与在腰部打结后的底角再打结。

4. 手部包扎法

将手掌放于三角巾中央,顶角折回盖于手背上,两底角左右包绕手背呈交叉状,并将顶角反折于交叉处,然后两底角再回绕腕部一周压住顶角打结。

5. 足部包扎法

将脚放于三角巾中央,提起顶角折回盖于足背上,将一侧底角提起折向足的另一侧,绕踝关节一周与顶角打结,然后提起另一侧底角绕踝关节一周,再与另一底角打结。

(三)特别伤口的包扎方法

1. 腹部内脏溢出

包扎时伤员应取仰卧位,屈曲下肢,使腹部放松,以降低腹腔内的压力。先盖上干净的敷料保护好脱出的内脏,再用厚敷料或宽腰带围在脱出的内脏周围(也可用干净的碗罩住),然后进行包扎。

2. 开放性气胸的包扎方法

尽快封闭胸壁创口,使开放性气胸变为闭合性气胸。用急救包外皮内面(无菌面)迅速紧贴于伤口,然后用多层纱布或棉花做垫,用三角巾加压包扎。

3. 脑组织膨出时的包扎方法

用无菌纱布覆盖膨出的脑组织,然后用纱布折成圆圈放在脑组织周围(也可用干净的瓷碗扣住),以三角巾或绷带轻轻包扎固定。

(四)包扎伤口时的特别注意事项

(1)使用干净无污染的布料进行包扎。

(2)动作要迅速准确,不能加重伤员的疼痛、出血或伤口污染。

(3)包扎不宜太紧或太松,太紧会影响血液循环,太松会使敷料脱落或移动。

(4)包扎四肢时,指(趾)端最好暴露在外面,以便观察血液流通情况。

(5)用三角巾包扎时,角要拉紧,包扎要贴实,打结要牢固。

(6)打结处不要位于伤口上或背部,以免加重疼痛或影响睡眠。

(7)不要压迫脱出的内脏,禁止将脱出的内脏送回腹腔内。

思考题:

1. 硫化氢中毒的基本症状及中毒的诊断分级标准是什么?

2. 硫化氢中毒现场抢救的方法及步骤是什么?

3. 伤口止血包扎的常用方法有哪些?

第五章 硫化氢检测与防护设备

在天然气采输作业的工作场所,特别是在含硫地区作业时,一旦硫化氢气体浓度超标,将威胁现场作业人员的安全,引起人员中毒甚至死亡。因此,硫化氢监测仪器和防护器具的功能是否正常关系到作业者的生命安全,作业者应该了解其结构、原理、性能和使用方法及注意事项。国内外这方面的仪器和设备类型较多,本章选择性地讲解典型部分,其他类型的监测仪器、防护器具的使用,请参见有关的随机说明书。

第一节 呼吸保护设备

在天然气采输作业的工作场所,特别是在含硫地区作业环境中使用个人防护装备,这些作业环境中硫化氢浓度有可能超过 $15mg/m^3$(10ppm)或二氧化硫浓度有可能超过 $5.4mg/m^3$(2ppm),在配备有个人防护装备的基础上,应对员工进行选择、使用、检查和维护个人防护装备的培训。本节主要介绍呼吸保护设备的结构、使用和维护。

常用的硫化氢防护的呼吸保护设备主要分为隔离式和过滤式两大类。隔离呼吸保护设备有:自给式正压空气呼吸器、逃生呼吸器、移动供气源、长管呼吸器;过滤式的有:全面罩式防毒面具、半面罩式防毒面具。

呼吸防护设备的使用前提:有毒有害气体硫化氢的呼吸防护设备要依据在使用中空气中该物质的浓度加以判定,当然由于使用者的工作的特殊性,用户可以在相应标准下提升防护等级,选择更高级别的呼吸防护产品。

表 5-1 清楚地反映出不同浓度硫化氢对人体的危害及呼吸防护产品的选用

等级。

表 5-1　呼吸设备选择对照表

H₂S浓度 (mg/m³)	接触时间	毒性反应	呼吸防护
0.035		嗅觉阈、开始闻到臭味	过滤式半面罩
0.4		臭味明显	过滤式半面罩
4~7		感到中等强度难闻的臭味	过滤式半面罩
30~40		臭味强烈,仍然忍受,是引起症状的阈浓度。	过滤式全面罩
70~150	1~2 小时	呼吸道及眼刺激症状;吸入 2~15 分钟后嗅觉疲劳,不再闻到臭味。	过滤式全面罩
300	1 小时	6~8 分钟出现眼急性刺激性,长期接触引发肺气肿。	隔离式防护
760	60~75 分钟	发生肺水肿,支气管炎及肺炎。接触时间长时引起头疼、头昏、步态不稳、恶心、呕吐、排尿困难症状。	隔离式防护
1000	数秒	很快出现急性中毒,呼吸加快,麻痹死亡。	隔离式防护
1400	立即	昏迷、呼吸麻痹死亡。	隔离式防护

在实际使用过程中由于作业人员的长时间工作可适当提高呼吸防护等级,尤其是工作达 8 小时以上的作业人员。对于呼吸防护产品可在以下产品中加以选择及借鉴。

一、隔离式防护设备

(一)自给式正压空气呼吸器

自给式正压空气呼吸器(图 5-1)适宜用于硫化氢浓度超过 15mg/m³(10ppm)或二氧化硫浓度超过 5.4mg/m³(2ppm)的工作区域。进入硫化氢浓度超过安全临界浓度 30mg/m³(20ppm)或怀疑存在硫化氢或二氧化硫但浓度不详的区域进行作业之前,应戴好正压式空气呼吸器,直到该区域已安全或作业人员返回到安全区域。

1. 执行标准

欧洲标准:EN 137－2007

中国标准:《正压式消防空气呼吸器》(GA124－2004)、《自给式空气呼吸器》(GB16556－1996)、《自给开路式压缩空气呼吸器》(GB/T16556－2007)

图 5-1　自给式正压空气呼吸器(C900/T8000 型)

2. 结构

主要组成:正压式全面罩、背板系统(含背板及系带、供气阀、减压阀、压力表等)、全缠绕式碳纤瓶三大部分。

(1)正压式全面罩:面罩内正压(面罩内外压差值为 3mbar),避免有毒气体进入面罩;双层密封边设计,气密封良好;内置口鼻罩,防止二氧化碳和水汽的扩散;不锈钢语音膜,确保通话效果良好;快速插接式开关设计,使用简便,供气迅速。

(2)背板系统

背板及系带:背板由碳纤维复合材料制成,结构符合人体工程学设计;背板和背带均为阻燃、防水、防静电材料,质量轻、抗冲击性高;配有螺旋固定系统,可将单瓶呼吸器改制为双瓶呼吸器。

供气阀:可根据使用者的需气量自动调节供气量,也可手动增大供气量,可满足使用者不同劳动强度的需求,并能够最大限度地节省用气量。最大供气量可达 500L/min;旋转式接口与中压管相连,使用者活动更自如。

减压阀:减压阀的主要作用是将空气瓶输入的高压空气转变为低而稳定的膛压空气,以供给自动肺使用;有泄压保护装置,确保减压阀失灵时能迅速泄压;供气量最高可达 1000L/min,在 20bar(1bar=10^5Pa)时也可达到 500L/min;配有低压报警笛,当气瓶内气压降至(55±5)bar 时,报警哨开始报警;可扩展与另一支中压管相连,两人同时使用。

压力表:压力表荧光显示,便于在黑暗中读取数据;外部有橡胶套保护,避免意外损坏。报警哨的作用是防止当佩带者忘记观察压力表指示压力时,而可能出现的由于气瓶压力过低不能退出危险区的情况,报警强度大于 90dB。

(3)全缠绕式碳纤瓶:材料为全缠绕式碳纤维复合材料,内胆采用高强度、耐腐蚀、质量小的铝合金材料;开关和减压阀之间用高压快速接头连接。配置可选

6.8L 或 9L 单气瓶,也可选双气瓶。

3. 工作原理

空气呼吸器的工作原理:压缩空气由高压气瓶经高压快速接头进入减压器,减压器将输入压力转为中压后经中压快速接头输入供气阀。当人员佩戴面罩后,吸气时在负压作用下供气阀将洁净空气以一定的流量进入人员肺部;当呼气时,供气阀停止供气,呼出气体经面罩上的呼气阀门排出。这样形成了一个完整的呼吸过程。

正压式空气呼吸器在呼吸的整个循环过程中,面罩内始终处于正压状态,因而,即使面罩略有泄漏,也只允许面罩内的气体向外泄漏,而外界的染毒气体不会向面罩内泄漏。而且正压式空气呼吸器可按佩戴人员的呼吸需要来控制供给气量的多少,实现按需供气,使人员呼吸更为舒畅。基于上述优点,正压式空气呼吸器已在世界各国广泛使用。

4. 技术性能

(1)空气瓶参数:单气瓶或双气瓶配置、压力 300bar。

(2)高压连接:200~300bar。

(3)中压:6~9bar。

(4)报警压力:50~60bar。

(5)最大空瓶重量:≤3.9kg。

(6)使用时间:正压式空气呼吸器的使用时间取决于气瓶中的压缩空气数量和使用者的耗气量,而耗气量又取决于使用者所进行的体力劳动的性质。在确定耗气量时宜参照表 5-2 数据确定。

表 5-2　人体呼吸耗气量参数表

序号	劳动类型	耗气量(L/min)
1	休息	10~15
2	轻度活动	15~20
3	轻度工作	20~30
4	中强度工作	30~40
5	高强度工作	35~55
6	长时间劳动	50~80
7	剧烈活动(几分钟)	100

使用者可以通过计算气瓶的水容积和工作压力的乘积来得到气瓶中可呼吸的空气量。例如:

一个公称工作压力 300Pa 的 6.8L 气瓶,气瓶中的空气体积为 6.8×300＝

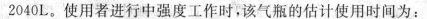

2040L。使用者进行中强度工作时，该气瓶的估计使用时间为：

$$使用时间=\frac{容积\times压力}{平均空气消耗量}\times安全因子=(\frac{6.8\times300}{40}\times0.9)min=46min$$

5. 使用步骤

表 5-3　空气呼吸器操作流程

步骤	操作说明
预检	检查瓶阀，减压阀处于关闭状态，气瓶束带扣紧，瓶不松动。
使用前快速检测	打开瓶阀，确认气瓶压力值在 30MPa（建议不低于 20MPa）
	打开瓶阀一圈，然后关闭，慢慢按下强制供气阀（黄色按钮），观测压力表压力变化，在压力降至 5MPa 时报警哨是否正常报警。
	一只手托住面罩将面罩口鼻罩与脸部完全贴合，另一只手将头带后拉罩住头部，收紧头带。（可见本章图 5-11）
	检测面罩的气密性：用手掌封住供气口吸气，如果感到无法呼吸且面罩充分贴合则说明密封良好。
佩戴	通过套头法，或者甩背法，背上整套装置，双手扣住身体两侧的肩带 D 形环，身体前倾，向后下方拉紧 D 形环直到肩带及背架与身体充分贴合。扣上腰带，拉紧。
	打开瓶阀至少两圈，将供气阀推进面罩供气口，听到"咔嗒"的声音，同时快速接口的两侧按钮同时复位则表示已正确连接，即可正常呼吸。
使用完毕后的步骤	按下供气阀快速接口两侧的按钮，使面罩与供气阀脱离。
	扳开头带扳口，卸下面罩。
	打开腰带扣。
	松开肩带，卸下呼吸器。
	关闭瓶阀。
	按下强制供气阀（黄色按钮），放空管路。

6. 注意事项

（1）建议至少两人一组同时进入现场。

（2）报警哨鸣响，使用者必须马上离开工作现场，撤离到安全地带。

（3）蓄有鬓须和佩戴眼镜的人不能使用该呼吸器（或加装面罩镜架套装），因面部形状或疤痕以致无法保证面罩气密性的也不得使用该呼吸器。

（4）不要完全排空气瓶中的空气（至少保持 0.5MPa 的压力）

（5）爱护器材，避免碰撞，不要随意将呼吸器扔在地上，否则会对呼吸器造成严重损害。

（6）使用后对压力不在备用要求范围的器材及时更换气瓶。瓶内气体储存一个月后，建议更换新鲜空气。

（7）整套呼吸器应每年由具备相应资质的单位进行一次检测；全缠绕碳纤维

气瓶每三年进行一次检测,并在呼吸器的显要位置注明检测日期及下次检测日期。

(8)所有检查应有记录,而且在大型的抢险及严重的摔伤后,应检测合格后才能下次使用。

7. 清洁保养

(1)束带可从背架上被完全解下,进行消毒洗涤。

(2)在每次使用后,呼吸器上脏的部件必须用温水和中性清洁剂进行清洗,然后用温水漂洗。

清洗时必须遵守清洗剂的浓度要求和使用时间限制。清洗剂必须不含腐蚀性成分(有机溶剂可能破坏呼吸器的橡胶或塑料件);也有专用的清洗液。

(二)呼吸器充气装置——便携式充气泵

便携式充气泵可分为电动机(图 5-2)及汽油机两大类。

1. 结构及原理

主要组件:压缩机装置、驱动装置(电动机及汽油机)、过滤器组件、充气组件、底板和机座。

图 5-2　便携式充气泵
(Junior Ⅱ)

原理:以交流电源或者汽油发动机作动力,通过三级汽缸的空冷往复式活塞运动,将大气中的新鲜空气压缩成 300bar 的高压气体。(图 5-3)

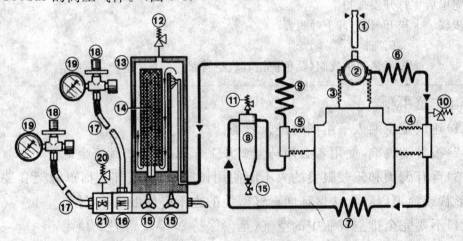

图 5-3　空气流程图

①伸缩式进气管;②进气过滤器;③第一级汽缸;④第二级汽缸;⑤第三级汽缸;⑥第 1/2 级中间冷却器;⑦第 2/3 级中间冷却器;⑧第 2/3 级中间分离器;⑨后冷却器;⑩第一级安全阀;⑪第二级安全阀;⑫增压安全阀;⑬中央过滤器组件;⑭TRIPLEX 长寿命滤芯;⑮冷凝水排放阀;⑯保压阀;⑰充灌软管;⑱充灌阀;⑲终压压力计;⑳终压 PN200 安全阀;㉑转换装置(附加的选购件)

2. 使用步骤，见表 5-4。

表 5-4　便携式充气泵操作流程

步骤	操作说明
1	开启通风系统及照明系统。
2	检查空压机操作记录，有特殊情况或不符合工作状态时停止操作，通知专业维修保养人员。
3	检查操作记录有关滤芯的使用情况，超过时限，立即更换。
4	检查润滑油的刻度，应将油加至油标刻度的最高和最低之间。
5	开启机房电源总开关，将总开关拨至"ON"位置。
6	电动泵：开启空压机的开关"I"，启动压缩机汽油泵。 冷启动：先将油门和风门调至最小位置，适当开启油开关，打开电源，再行启动；运行平稳时，将油门逐渐调至最大位置，以提高怠速和马力，同时将风门和油开关调至最大位置。 热启动：将油门调至最大位置即可直接启动。
7	启动后发出任何不正常的声音，或者异常情况，按"O"停止运转。
8	正常运转，关上充气阀，压力表显示空气压力；打开充气阀，排出高压压缩空气。
9	至少将冷凝水排放阀打开 2 分钟，以便清洗滤芯中剩余的二氧化碳。
10	打开充气阀，开启气瓶阀。压力表上的压力会降至气瓶内的压力，充气开始。
11	关上充气阀，将充气阀连接器连接上气瓶。
12	当充气压力表在回升到指定压力时，表示已经充气完成，关上气瓶阀。
13	关上充气阀，并泄掉充气阀中的高压空气。
14	解除充气连接器，然后取出气瓶。 在充气过程中，必须每 15 分钟旋开排水旋钮，排放冷凝水。
15	停机：按下"O"键，关闭开关，关室内电源，关通风及照明系统。

3. 注意事项

（1）在对呼吸器瓶进行充装前，应首先确认该瓶是装空气的，因充气泵是由压缩空气而生产的。

（2）避免污染的空气进入空气供应系统。当毒性或易燃气体有可能污染进气口时，应对压缩机的进口空气进行监测。

（3）使用时不允许有任何覆盖物，保持良好散热；汽油压缩机不能在室内使用。

（4）空气压缩机必须水平放置，倾斜度不能超过 5°。

（5）充气泵的驱动方式是汽油机的，应按照说明书上的说明，在汽油箱的进口处,加上(93号)汽油;是电动的,需正确接线,特别是三相电源的,如果线接反了,设备将不能将气体充装至瓶,所以,接线应由专业的电工操作。

(6)电源的额定压力必须稳定,否则会影响设备的正常工作。

(7)依照制造商的维护说明,定期更新吸附层和过滤器,压缩机上应保留有资质人员签字的检查标签。

4. 维护原则

(1)进行任何维护工作前都必须切断电源,并卸压维护或维修;只能使用原厂配件,经常检查系统气密性(如在所有接头处涂肥皂水)。

(2)充气泵停用后应存放在干燥、无灰尘的室内。如长期停用,则应每6个月进行一次空载运行,且运行时间不低于10分钟。

(3)为保证压缩机正常工作并延长使用寿命,请使用经过测试的润滑油。新设备的润滑油的使用不能超过三个月;为避免损害(如产生沉淀物),请不要更换润滑油的种类。

(4)润滑油更换周期:矿物油为每运行1000小时,或每一年;合成油为每运行2000小时,或每两年。

(5)润滑油更换方法:

①取出油尺。

②预热空气压缩机。

③在润滑油温热状态下,将机座下的泄油螺丝拧松,排出润滑油。

④重新注入润滑油。

⑤用油尺检查润滑油的高度,必须在max和min之间(图5-4)。

(6)滤芯的更换:根据使用时环境的温度、使用时间、空气质量诸多因素决定,通常情况下建议充装100个左右的空瓶后更换。

(7)如长期闲置,压缩机和发动机内的油会老化,润滑油最迟两年要更换。充气泵维修应由具备相关资质,并经授权的人员进行。

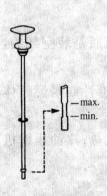

图5-4　油尺标注　　　　　图5-5　逃生呼吸器(EVAPAC)

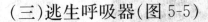

(三)逃生呼吸器(图 5-5)

逃生自给式空气呼吸器的工作原理和使用可参考标准自给式正压空气呼吸器的相关介绍。由于逃生呼吸器通常用于紧急事件下的逃生用,所以建议存放在可能存在危害事件的地方,且提供明显标示。

注意事项:逃生瓶只能作为逃生使用;逃生瓶使用时间大致为 5~10 分钟。要确保逃生瓶始终处于充满状态。

(四)正压式长管供气系统

正压式长管供气系统是一个远距离空气供应装置,可以同时供给多人使用。长管式呼吸器可根据用途及现场条件选用不同的组件,配装成多种不同的组合装置,由高压气瓶、气泵拖车供气系统或压缩空气集中管路供气,具有使用时间长的优点。

由于采用了长管作为传送气源的方式,所以存在一定的危险系数,如长管破裂或气源耗尽等,所以在配备此类产品时应配合紧急逃生呼吸器同时使用。通常,配合使用的逃生呼吸器在腰部束带上有自动切换装置,一旦长管气源出现低压状况,自动切换装置会自动将阀门切换到作业人员自身佩戴的逃生呼吸器上,并提供报警,确保使用量并能及时逃离现场。

注意事项:在使用时,需要有专业人员在气源处提供监护,确保使用时提供稳定安全的气源输出;检查逃生瓶是否充满,检查标签上是否填写了新的充气日期;检查低压管线是否完好并无扭结,空气供给管汇和管线是否完好,检查头带是否完好和已经充分放松。

1. 移动供气源(图 5-6)

(1)用于污染及狭小区域。

(2)无固定长管系统。

(3)根据呼吸量等因素不同,可持续工作约 3 小时。

(4)在使用中更换气瓶后可增加使用时间。

2. 长管呼吸器(图 5-7)

它由一组气瓶供气,采用具有恒定中压输出的气源。气体在经过具有过滤作用的移动过滤站过滤后通过长管传送到面罩;面罩前部装有气量调节装置,可将气流调节到适合作业人员使用的中压;可以长时间使用。

图 5-6　移动供气源(Trolley)　　　　图 5-7　长管呼吸器(MC95)

二、过滤式防护设备

使用前提:过滤式防护设备由于是将作业人员周围的空气作为气源,且过滤装置存在失效时间,所以对于使用环境有更高的要求,除了满足过滤式防护设备基本的氧气浓度达到国家要求的 18% 以外,还要考虑硫化氢的浓度。

过滤式防护设备分为半面罩式防毒面具(图 5-10)和全面罩式防毒面具(图5-8、图 5-9)。

图 5-8　硅胶全面罩(Opti—Fit)　　　图 5-9　蓝色 COSMO 全面罩

图 5-10　半面罩(Sperian 2000)

(一)执行标准

(1)欧洲标准:EN 140(半面罩)、EN 136(全面罩)、EN 141 和 EN 148(滤盒铝罐)。

(2)中国标准:《过滤式防毒面具通用技术条件》(GB2890-1995)。

(二)工作原理

空气过滤面具是有毒作业常用的个体呼吸防护设备,它所使用的化学滤毒盒,能将空气中的有害气体或蒸气滤除,或将其浓度降低,保护使用者的身体健康。对于符合欧盟标准的产品,其防护种类可以通过产品标示加以判定,见表5-5。

表 5-5 欧标对照表

种类	颜色	防护气体
A	褐色	有机气体和蒸气(沸点>+65℃)。
B	灰色	无机气体及蒸气:氯气,硫化氢等。
E	黄色	酸性气体及蒸气:二氧化硫等。
K	绿色	氨气及其衍生物。
AX	褐色	有机气体(沸点<+65℃)
SX	紫罗兰色	特殊气体(由制造商决定)
NO-P3	蓝白色	磷,氧化氮
Hg-P3	红白色	水银

(三)国家标准

对于国家标准,其可防护硫化氢的标号见表5-6。

表 5-6 国标对照表

毒罐编号	标色	防毒类型	防护对象(举例)	试验毒剂
4	灰	防氨、硫化氢。	氨、硫化氢。	氨(NH_3) 硫化氢(H_2S)
7	黄	防酸性。	酸性气体和蒸气;二氧化碳、氯气、硫化氢、氮的氧化物、光气、磷和含氯有机农药。	二氧化硫(SO_2)
8	蓝	防硫化氢。	硫化氢。	硫化氢(H_2S)

(四)面罩的佩戴步骤

以全面罩为例,如图5-11。

(a)将下鄂放进面罩底部，将头带拉过头顶。

(b)将头带的中心位置尽量往后拉。

(c)先拉下部头带，然后拉上部头带，不要过紧。

(d)用手堵住呼气阀，吸气并屏气一段时间看面罩是否漏气，不漏气可使用，否则调整头带至合适为止。

图 5-11　全面罩的佩戴

(1)观察面罩是否处于良好状态(清洁,无裂痕,无橡胶或塑料部件的变形)。

(2)根据污染物的特性选用相应的过滤罐。

(3)按照图示戴上全面罩。

(4)拉动头带以调整半面罩的位置。由于过滤罐的存在而使用户感到轻微的呼吸困难是正常情况。

(五)注意事项

(1)选择适当用途的滤盒以适应所处的污染环境。

(2)确认所处环境的有毒物质浓度不得超过标准规定的滤盒耐受浓度,具体内容应参考表 5-1 及《过滤式防毒面具通用技术条件》(GB2890－1995)标准中的表 5、表 6。

(3)确认所处环境中的氧气含量不能低于 18%,温度条件为－45℃～－30℃;有新鲜空气的工作区域,或通风良好的室内、水塔、蓄水池等环境,才可使用过滤式呼吸防护设备。

(4)如果环境中出现粉尘或气溶胶,则必须使用防尘或防尘加防气体复合过滤盒。

(5)储存说明(使用前与使用中)。

(6)在储存期间不应损坏包装。

(7)滤盒应储存在低温、干燥、无有毒物质的环境中。

(8)在符合上述储存要求后,滤盒的储存期限为三年。

第二节 硫化氢监测

一、硫化氢监测仪

硫化氢浓度测试方法主要有两种,一是现场取样实验室测定,该方法精度高,但程序繁琐,不能及时得到数据;二是现场直接测定,该方法测定迅速,利于现场使用,但测定误差可能较大。

(一)显色长度监测仪

1. 工作原理

显色长度监测仪也称为比色管监测仪,一直用于应急事故中气体检测中的基本部件,它们被广泛接受并证明可以在百万分之一(ppm)水平测量很多的有毒有害气体。该比色管监测仪特殊设计的泵及比色指示剂试管探测仪带有检测管。将已知体积的空气或气体灌入检测管内,管内装有化学剂,可检测出样品中某种气体的存在并显示其浓度。试管中合成色带的长度反映样品中指定化学物质的即时浓度。

2. 使用方法

(1)用医用100mL注射器或专用采气筒,一次采样100mL。

(2)把测定管侧打开,将硫化氢测试管插入采气筒。

(3)将采气筒中气样用100mL/min的速度注入测定管,要检测的硫化氢气体与指示剂起反应,产生一个变色柱或变色环。

(4)由变色柱或变色环上所指出的高度可直接从测定管上得知硫化氢气体的含量(ppm)。

3. 注意事项

(1)比色管只能提供"点测",无法提供定量分析以及连续的警报。

(2)比色管的响应比较慢,它们大约需要几分钟才出结果。

(3)比色管的最好精度约在25%,此时,如果实际浓度约是100ppm,管的读数可能在75~125ppm之间。

(4)测定管打开后放置时间不要过久,以免影响测定结果。

(5)测定管应储放在阴凉处,不要碰坏两端,否则不能使用。

(二)便携式硫化氢监测仪(GAXT－H－DL 型)

便携式硫化氢监测仪大多是根据控制电位电解法原理设计,具有声光报警、浓度显示和远距离探测的功能,同时具有体积小、重量轻、反应快、灵敏度高等优点。现以 GAXT－H－DL 型便携式硫化氢监测仪为例介绍其原理及使用方法。

1. 仪器各部名称

GAXT－H－DL 型便携式硫化氢监测仪示意图见图 5-12。

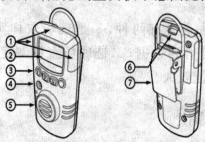

图 5-12　GAXT－H－D 型便携式硫化氢监测仪
①视觉警报;②显示器;③按键;④声音警报;⑤传感器和传感器
屏幕;⑥红外通讯端口;⑦夹扣

2. 工作原理

传感器应用了定电压电解法原理,其结构是在电解池内安置三个电极,即工作电极、计数电极和参比电极,并施加以一定极化电压,用薄膜同外部隔开,被测气体透过此膜到达工作电极,发生氧化还原反应,传感器此时将有一个输出电流,此电流与硫化氢浓度成正比关系。这个电流信号经放大后,变换送至模/数转换器,将模拟量转换成数字量,然后通过液晶显示器显示出来。定电压电解法传感器示意图见图 5-13。

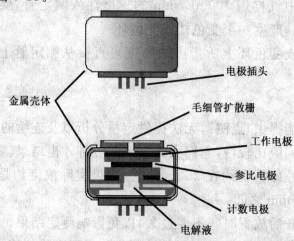

电极插头

金属壳体

毛细管扩散栅

工作电极

参比电极

计数电极

电解液

图 5-13　定电压电解法传感器

以硫化氢在定电压电解法传感器上的氧化过程描述一下它的检测机理：

（1）硫化氢在工作电极上的氧化：

$$H_2S + 4H_2O \longrightarrow H_2SO_4 + 8H^+ + 8e^-$$

（2）计数电极通过将空气或水中的氧气还原进行平衡：

$$2O_2 + 8H^+ + 8e^- \longrightarrow 4H_2O$$

在检测的过程中消耗的物质仅仅是硫化氢分子、电能和氧气，这也是定电压电解法传感器寿命较长的原因。传感器的寿命同它所测量的污染物无关，传感器仅仅是测量的催化剂。在检测的过程中传感器没有任何的消耗，它可以通过环境中的氧气和微量水分得到补充。

3. 仪器特点与技术性能

（1）仪器特点

该仪器以舒适耐用为设计理念，在电路设计上采用了大规模数字集成电路和超微功耗元器件，因而体积小、重量轻，携带方便；简单的按键操作；具有数字显示、声光报警、电源欠压报警的功能。此外，仪器利用可现场更换的两年型电池和传感器提供长久的使用寿命，同时校准为自动化程序设计，无须更多的人员操作。该仪器为本质安全防爆结构，其防爆标准为 ia Ⅱ C74；达到 IP66/67 尘水防护标准的高防水设计外壳可完全浸入水中；配合外置采样泵还可以远距离进行检测；适用于橡胶、化肥、炼油、皮革等工业，以及暗渠、地下工程等建筑，各种反应塔、料仓、储藏室和车、船舱等地点。它是石油化工、化学工业、人防、市政、冶金、电力、交通、军工、矿山、环保等行业的必备仪器。

（2）技术性能

检测原理：电化学。

检测气体：空气中的硫化氢。

检测范围：0～100ppm（可选 0～500ppm）。

指示方式：数字液晶显示。

检测误差：≤±5%F.S

报警设置：低限报警：10ppm（0～100ppm 内可调）；高限报警：15ppm（0～100ppm 内可调）。

报警方式：蜂鸣器断续急促声音，报警指示灯闪亮。

报警误差：≤8%（检测误差累加值）。

响应时间：90%以上在 30 秒内响应。

运行温度：−40℃～+50℃。

供电方式：可更换的 3V 锂电池，使用时间可达两年。

传感器寿命：≥三年。

尺寸：28mm×50mm×95mm。

质量：约82g。

防爆级别：本质安全设计。

防护 IP 等级：IP66/67

4. 使用方法

（警示：对于不同的硫化氢监测仪，使用前应仔细阅读说明书。）

表 5-7　GAXT－H 监测仪按键说明

按钮	描述
◎	要打开检测仪，请按◎。 要关闭检测仪，请按住◎5秒。 要启用或禁用置信嘟音，在启动时按住○然后按◎。
▼	要使显示值减少，请按▼。 要进入用户选项菜单，同时按住▼和▲5秒。 要开始校准和设置警报设定值，请同时按▼和○。
▲	要使显示值增加，请按▲。 要查看 TWA、STEL 和最大气体浓度，请同时按▲和○。
○	要保存显示值，请按○。 要清除 TWA、STEL 和最大气体浓度，请按住○6秒。 要确认收到锁定的警报，按○。

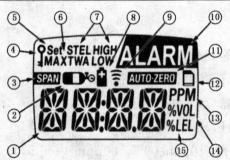

①数值；②气瓶；③传感器量程校正；④密码锁；⑤设置警报设定值和用户选项；⑥最高气体浓度；⑦警报状况；⑧电池；⑨数据传送；⑩警报或警报设定值；⑪传感器自动归零显示；⑫数据记录指示器（可选）；⑬百万分率（ppm）；⑭体积百分率（%VOL.）；⑮爆炸下限百分率（%LEL）（将来使用）。

图 5-14　GAXT－H 监测仪显示图标说明

（1）开启电源，仪器按键和显示示意请见表 5-7 和图 5-14。

按下开机键即可，此时电源接通，仪器将有显示。

（2）仪器自检：电源接通后仪器自动对本体结构部件及自身功能进行全面自

检,过程大约需要 30 秒钟,如有问题,显示屏上将显示问题状态,只有全部功能自检没有问题后仪器才进入正常工作状态。

(3)零点校正:仪器在自检后会进行自动零位校正,无须人为进行任何操作。但此时需保证仪器处在洁净的空气环境当中。

(4)正常测试:开机并在空气中自动调节"0"显示后,即可进行正常测试。此时测试气体是从仪器前面的窗口扩散进入仪器,是测量的周围环境的硫化氢浓度。

(5)关机:按下开机键◎ 5 秒钟,倒计时结束即可关机。

5. 校正方法

(1)为了保证仪器测量精度,仪器在使用过程中应定期进行校正并严格记录(一般为每半年校正一次,具体参照仪器说明书)。

(2)在洁净的环境中,同时按住○和⊙键(检测器以"嘟"的蜂鸣声和闪烁形式进行倒计时)直到倒计时结束进入校正状态。显示提示示例:｜CAL.｜

(3)进入校正状态后液晶显示屏闪烁,进行硫化氢传感器的校正,同时监测仪自动使传感器复位为零。自动归零过程结束后,监测仪响两声。显示提示示例:｜0ᴾᴾᴹ｜

(4)如果监测仪受密码保护,显示屏上闪烁"PASS",开始设置量程之前必须输入正确的设置密码。显示提示示例:｜PASS｜

(5)显示屏闪烁当前校正标准气体浓度设置。可以接受当前设置,或按⊙或⊙更改设置,并按○键确认新设置。显示提示示例:｜200ᴾᴾᴹ｜

(6)当显示屏闪烁气屏图标时,连接校准瓶并应用 500～1000mL/min 的低流速气体。在调节量程程序结束时,监测仪响三声,移除校准气体。显示提示示例:｜0ᴾᴾᴹ｜

(7)按⊙或⊙更改下一个校正到期日,按○键保存。显示提示示例:｜180｜

(8)按○键保存当前警报设定值,按⊙或⊙更改警报设定值,按○键保存新值。校正完毕时,监测仪嘟嘟响并震动四次。显示提示示例:｜ALARM 35ᴾᴾᴹ｜

6. 用户选项编辑菜单说明

仪器正常工作状态下同时按住⊙和⊙键直到倒计时结束,进入用户编辑菜单选项状态,按⊙或⊙键翻页查看菜单选项内容,再按○键确认该项选择。

7. 注意事项

(1)该仪器为精密安全仪器,不得随意拆动,以免破坏防爆结构。

(2)使用前应详细阅读使用说明书,严格遵守使用方法。

(3)在潮湿的环境中存放时应加放防潮袋。

(4)防止从高处跌落或受到剧烈振动。

(5)仪器使用完后应及时维护保养后关闭。

8. 仪器维护保养事项

在维护保养 GAXT－H－DL 型硫化氢监测仪时,您只需做一些常规的日常保养工作,就可以提供长年的,值得信赖的服务。请遵循以下指导准则:

(1)清洗:必要时请用柔软而干净的布擦拭仪器外壳,不能使用溶剂或清洁剂之类。请确保传感器的过滤膜即防水膜片完整无碎片。清洗传感器窗口时,要使用柔软干净的布或软毛刷。

(2)更换电池和传感器:(图 5-15)

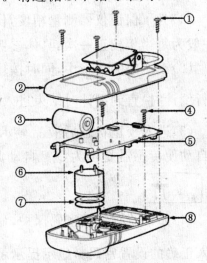

图 5-15　GAXT－H 型监测仪结构图示
①检测仪后盖螺丝;②检测仪后盖;③电池;④主板螺丝;⑤主板;⑥传感器;⑦检测仪前盖;⑧传感器护屏。

首先将仪器关机,拆下背面的四颗固定螺丝,取下背板后即可进行电池的更换工作,同时拆下两颗固定主板螺丝,并将传感器外壳及过滤膜取下,然后抓牢传感器将其从仪器中取出,在空出的传感器插座上插入新的传感器,并将它按紧固定在该位置上。安装完毕后,将传感器外壳及过滤膜重新装回仪器上,仪器将自动识别新装入的传感器,如果安装的传感器是新的类型,仪器显示将会提示用户使用仪器前对它进行标定。在安装完传感器后,为了确保仪器的准确度,必须在使用前对仪器进行调零。

(3)定期校准、测试和检查仪器。

(4)保留所有维护、校准和警报事件的操作日志。

(5)请不要将仪器长时间浸入不明液体中。

二、硫化氢监测布点

(一)钻井过程

标准:按照《含硫化氢油气井井下作业推荐作法》(SY 5087－2005)的规定执行。

钻井现场应配备固定式硫化氢监测仪,并且至少应配备五台携带式硫化氢监测仪。其他专业现场作业队也应配备一定数量的携带式硫化氢监测仪。

(二)试油、修井及井下作业过程

标准:按《含硫化氢油气井井下作业推荐作法》(SY/T 6610—2005)的规定执行。试油、修井及井下作业过程至少应配备四台携带式硫化氢监测仪。

(三)集输站

集输站中的硫化氢应采取固定式和携带式硫化氢监测仪结合使用。

具体布设如下:

(1)在各单井进站的高压区、油气取样区、排污放空区、油水罐区等易泄漏硫化氢区域设置醒目的标志,并设置固定探头,在探头附近同时设置报警喇叭。

(2)作业人员巡检时,应佩戴携带式硫化氢监测仪,进入上述区域应注意是否有报警信号。

(3)固定式多点硫化氢监测仪放置于仪表间,探头信号通过电缆送到仪表间,报警信号通过电缆从仪表间传送到危险区域。

(四)天然气净化厂

天然气净化厂硫化氢监测点应设置在脱硫、再生、硫回收、放空排污等区域,其余与集输站同样。

(五)水处理站

油气田水处理站及回注站中的硫化氢监测点布设参照集输站硫化氢监测点布设执行。

三、硫化氢监测

(1)为防止硫化氢中毒,消除硫化氢对职工的危害,应从设计抓起,凡新建、改建、扩建工程项目中防止硫化氢中毒的设施必须与主体工程同时设计、同时施工、同时使用,使作业环境中硫化氢浓度符合国家安全卫生标准。

(2)生产企业内有可泄漏硫化氢有毒气体的场所,应配置固定式硫化氢监测报警器;有硫化氢危害的作业场所,应配备便携式硫化氢监测报警器及适用的防毒防护器材。硫化氢监测报警器具安装率、使用率、完好率应达到100%。

(3)加强防止硫化氢中毒工作,按相关装置和罐区动态硫分布情况进行调查,建立动态硫分布图,在每一个可能泄漏硫化氢造成中毒危险的工作场所设置警示牌和风向标,明确作业时应采取的防护措施。

(4)根据不同的生产岗位和工作环境,为作业人员配备适用的防毒防护器材,并制定使用管理规定。定期、定点对生产场所硫化氢的浓度进行检测,对于硫化氢浓度超标点应立即清查原因并及时整改。

(5)对脱硫和硫黄回收装置,搞好设备、管线的密封,禁止将含硫化氢的气体排放大气,含硫污水禁止排入其他污水系统。

(6)必须将生活污水系统与工业污水系统隔离,防止硫化氢窜入生活污水系统,发生中毒事故。

(7)禁止任何人员在不佩戴合适的防毒器材的情况下进入可发生硫化氢中毒的区域,并禁止在有毒区内脱掉防毒器材。遇有紧急情况,按应急预案进行处理。

(8)在含有硫化氢的气罐、反应塔以及含有毒有害气体的设备上作业时,必须随身佩戴好适用的防毒救护器材。作业时应有两人同时到现场,并站在上风向,必须坚持一人作业,一人监护。

(9)凡进入含有硫化氢介质的设备、容器内作业时,必须按规定切断一切物料,彻底冲洗、吹扫、置换,加好盲板,经取样分析合格,落实安全措施,并按《作业许可证制度》办理作业票证,在有人监护的情况下进行作业。

(10)原则上不得进入工业下水道(井)、污水井、密闭容器等危险场所作业。必须作业时,按《生产作业许可证制度》输入作业票证,报主管生产领导批准签发后,在有人监护的情况下方可进行作业。作业人员一般不超过两人,每人次工作不得超过 1 小时。

(11)在接触硫化氢有毒气体的作业中,作业人员一旦发生硫化氢中毒,监护人员应立即将中毒人员脱离毒区,在空气新鲜的毒区上风口现场对中毒人员进行心肺复苏术,并通知救护机构。对中毒者进行救护时,救(监)护人员必须佩戴好适用的防毒救护器材,并应防止二次中毒发生。

(12)在发生硫化氢泄漏且硫化氢浓度不明的情况下,必须使用隔离式防护器材,不得使用过滤式防护器材,对从事硫化氢作业的人员,要按国家有关规定进行定期体检。

(13)对可能发生硫化氢中毒的作业场所,在没有适当防护措施的情况下,任何单位和个人不得强制作业人员进行作业。

思考题:

1.正压式空气呼吸器主要由哪几部分构成?简述其维护注意事项。

2.简述正压式空气呼吸器操作流程及使用注意事项。

3.天然气采输作业生产过程中,硫化氢监测如何布点,其注意事项有哪些?

第六章　硫化氢安全应急管理

第一节　人员素质和应急设备管理

人员素质的高低是制约安全状况的第一要素,在含硫化氢和二氧化碳气田的钻井、开发、集输与净化上更是如此。所有员工都应具备应对硫化氢和二氧化碳各种风险的心理准备和技术素质,而这些素质的提高,可依靠高质量的硫化氢培训工作。《含硫油气田硫化氢监测与人身安全防护规程》(SY/T 6277—2005)和《含硫化氢的油气生产和天然气处理装置作业推荐作法》(SY/T 6137—2005)等标准规范,明确提出了人员培训方面的具体要求。

一、人员素质管理

(一)硫化氢防护知识培训的基本要求

在含硫化氢环境中的作业人员上岗前都应接受培训,经考核合格后持证上岗,包括勘探、钻井测井录井、开发、试油、井下作业、集输和净化生产的所有管理人员和岗位操作人员;以及从事地质和设计的人员。

涉及潜在硫化氢的油气开采区域的生产经营单位应警示所有人员(包括雇主、服务公司和承包商)在作业过程中可能出现硫化氢的大气浓度超过 15mg/m³(10ppm)、二氧化硫的大气浓度超过 5.4mg/m³(2ppm)的情况。在硫化氢可能会超过 15mg/m³(10ppm)或二氧化硫浓度可能会超过 5.4mg/m³(2ppm)的区域工作的所有人员在开始工作前都应接受培训。所有雇主,不论是生产经营单位、承包商或转包商,都有责任对自己的雇员进行培训和指导。被指派在可能会接触硫化氢或二氧化硫区域工作的人员应接受硫化氢防护安全指导人员的培训。

(二)培训内容要求

1. 基本要求

在油气生产和气体处理中,培训和反复训练的价值怎么强调都不过分。特定装置或作业的特定性或复杂性将决定指定员工所要进行培训的程度和范围。下面的几点是对定期作业人员的最低限度的培训内容要求：

（1）硫化氢和二氧化硫的毒性、特点和性质。

（2）硫化氢和二氧化硫的来源。

（3）在工作场所正确使用硫化氢和二氧化硫检测设备的方法。

（4）对现场硫化氢和二氧化硫检测系统发出的报警信号及时判明并作出正确响应。

（5）暴露于硫化氢的症状或暴露于二氧化硫的症状。

（6）硫化氢和二氧化硫泄漏造成中毒的现场救援和紧急处理措施。

（7）正确使用和维护正压式空气呼吸器，以便能在含硫化氢和二氧化硫的大气中工作（理论和熟练的实际操作）。

（8）已建立的保护人员免受硫化氢和二氧化硫危害的工作场所的作法和相关维护程序。

（9）风向的辨别和疏散路线。

（10）受限空间和密闭设施的进入程序。

（11）为该设施或作业制定的紧急响应程序。

（12）安全设备的位置和使用方法。

（13）紧急集合的地点。

2. 附加培训要求

（1）对现场监督人员的培训还应包括应急预案中监督人员的责任和硫化氢对硫化氢处理系统的影响，如腐蚀、变脆等。

（2）来访者和其他临时指派人员进入潜在危险区域之前，应向其简要介绍出口路线、紧急集合区域、所用报警信号以及紧急情况的相应措施，包括个人防护设备的使用等。这些人员只有在对应急措施和疏散程序有所了解后，有训练有素的人员在场时，才能进入潜在危险区域。如出现紧急情况，应立即疏散这些人员或及时向他们提供合适的个人防护设备。

（3）安全交底：根据现场具体状况召开硫化氢防护安全会议，任何不熟悉现场的人员进入现场之前，至少应了解紧急疏散程序。

3. 培训时间和持证要求

（1）培训时间要求：硫化氢培训工作应按规定进行，首次培训时间不得少于15小时，每两年复训一次，复训时间不得少于6小时。

（2）培训机构资质要求：硫化氢培训工作应由取得资质的专业培训机构组织进行。

（3）培训记录要求：所有培训课程的日期、指导人、参加人及主题都应形成文件并记录，其记录宜至少保留两年。

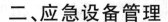

二、应急设备管理

无论是井涌、井喷、井喷失控，还是腐蚀泄露、意外泄露、第三方破坏，含有硫化氢和二氧化碳的气体都会严重威胁人们的生命安全，应立即应急抢险、疏散人口，将事故损失降到最低。因此，日常生产过程中应急设备的管理就显得尤为必要。

（一）集输场站气防器具配备标准

集输场站包括单井集气站、多井集气站、管道上的输气站和首末站、增压站、回注站等，规模大小不一，人员有多有少，因此设备的种类和数量相差也很大。《含硫化氢的油气生产和天然气处理装置作业推荐作法》（SY/T 6137－2005）中，特设"个体防护装备"内容，原则性地规定了气防器具要求。

1. 固定的硫化氢监测系统

用于油气生产和气体加工中的固定的硫化氢监测系统，包括可视的或能发声的警报，要安装在整个工作区域都能察觉的位置。直流电系统的电池在使用中要每天检查，除非有自动的低压报警功能。

2. 便携式检测装置

如果大气中的硫化氢浓度达到或超过 15mg/m³（10ppm），就应配置便携式检测装置。当大气中的硫化氢浓度超过所用的硫化氢检测装置的测量范围，就应配置带有泵和检测管的比色指示管检测仪（显色长度），以便取得瞬时气体样品，确定密闭装置、储罐、容器中的硫化氢浓度。

如果大气中的二氧化硫浓度超过 5.4mg/m³（2ppm），应有便携式二氧化硫检测装置或带检测管的比色指示管检测仪，以确定此地区的二氧化硫浓度，并监测受含有硫化氢的流体燃烧所产生的二氧化硫影响的地区。在此环境中的人员应使用呼吸装备，除非能确认工作区的大气是安全的。

3. 呼吸装备

所有的正压式空气呼吸器都应达到相关的规范要求。下面所列的全面罩式呼吸保护设备，宜用于硫化氢浓度超过 15mg/m³（10ppm）或二氧化硫浓度超过 5.4mg/m³（2ppm）的作业区域。

（1）自给式正压/压力需求型正压式空气呼吸器：在任何硫化氢或二氧化硫浓度条件下均可提供呼吸保护。

（2）正压/压力需求型空气管线正压空气呼吸器：配合一个带低压警报的自给式正压式空气呼吸器，额定最短时间为 15 分钟。该装置可允许使用者从一个工作区域移动到另一个工作区域。

(3) 正压/压力需求型空气管线正压式空气呼吸器：带一个辅助自给式空气源(其额定工作时间最短为5分钟)。只要空气管线与呼吸空气源相连通，就可佩戴该类装置进入工作区域。额定工作时间少于15分钟的辅助自给式空气源仅适用于逃生或自救。

若作业人员在硫化氢或二氧化硫浓度超过规定值的区域，或空气中硫化氢或二氧化硫含量不详的地方作业时，应使用带有出口瓶的正压/压力需求型空气管线或自给式正压空气呼吸器，适当时应带上全面罩。

4. 储存和维护

个人正压式空气呼吸器的安放位置应便于基本人员能够快速方便地取得。基本人员是指那些必须提供正确谨慎安全操作的人员以及需要对有毒硫化氢或二氧化硫进行有效控制的人员。针对特定地点而制定的应急预案可要求配备额外的正压式空气呼吸器。

正压式空气呼吸器应存放在方便、干净卫生的地方。每次使用前后都应对所有正压式空气呼吸器进行检测，并至少每月检查一次，以确保设备维护良好。每月检查结果的记录，包括日期和发现的问题，应妥善保存。这些记录宜至少保留12个月。需要维护的设备应作好标志并从库房中拿出，直到修好或更换后再放回。正确保存、维护、处理与检查，对保证个人正压式空气呼吸器的完好性非常重要。应指导使用者如何正确维护该设备，或采取其他方法以保证该设备的完好，应根据生产商的推荐作法进行操作。

(二)净化厂配备标准

1. 一般要求

典型的天然气处理装置包括比现场操作更复杂的过程，这些不同在于：

(1)含有硫化氢的气体体积可能高于现场条件。

(2)硫化氢浓度可能高于现场条件。

(3)一般情况下人员和设备都比现场多。

(4)人员的工作安排更加固定。

这些不同之处通常要求特殊的考虑来保证涉及如容器和管道开口部位操作及有限空间进入等的安全。当上述活动准备进行时，宜召开包括操作、维护、承包人和其他涉及方参加的协调会，以保证设施人员了解其所涉及的活动，以及对装置操作的影响和应遵守的、必要的安全预防措施。

2. 天然气处理装置

天然气处理厂内进行着许多气体处理和硫黄回收过程。这些处理可以分为化学反应、物理溶解和吸收过程，还可以细分为再生和非再生的过程。再生过程的化学剂包括胺溶液、热碳酸钾、分子筛和螯合剂。非再生过程的化学剂包括海绵铁、碱吸收液、金属氧化物、直接氧化和其他各种硫黄回收过程。由于这些方法的大多数会导致含硫化氢气流的浓度提高或生成反应产物,操作者应该熟悉该特定装置处理过程中的各种化学和物理特性。如果某一处理装置中所存在的硫化氢总量已经达到了一定界限,应执行国家相关的法律法规的要求。

第二节 应急预案

生产经营单位应评估目前的或新的,涉及硫化氢和二氧化硫的作业,以决定是否要求有应急预案、特殊的应急程序或者培训。这种评价应确定潜在的紧急情况和其对生产经营单位及公众的危害。如果需要应急预案,应根据《含硫化氢的油气生产和天然气处理装置作业推荐作法》(SY/T 6137－2005)和《生产经营单位安全生产事故应急预案编制导则》(AQ/T 9002－2006)等标准规范和政府的有关要求制定。

一、涉及硫化氢应急预案的范围要求

应急预案应包括应急响应程序,该程序提供有组织的立即行动计划以警报和保护现场作业人员、承包方人员及公众。应急预案应考虑硫化氢和二氧化硫浓度可能产生危害的严重程度和影响区域;还应考虑硫化氢和二氧化硫的扩散特性,包括本章所列的所有可适用条文的预防措施。另外,要求设施作业者指定一位应急协调人,以便在应急预案编制中与当地应急预案委员会协调。

同时,所有有责任执行应急预案的人员都应得到应急预案,不论平时他们的岗位是什么。

二、应急预案的信息

应急预案宜包括但不限于下述内容:

(一)应急程序

1. 人员责任

应急预案应指出所有训练有素人员的职责。要禁止参观者和非必要人员进入大气中硫化氢浓度超过 15mg/m³(10ppm)或二氧化硫浓度超过 5.4mg/m³

（2ppm）的区域。

2. 立即行动计划

每个应急预案都宜包括一个简明的"立即行动计划"，在任何时间接到硫化氢和二氧化硫有潜在泄漏危险时，应由指定的人员执行计划。为了保护工作人员（包括公众）和减轻泄漏的危害，立即行动计划宜包括并且不仅仅包括以下内容：

（1）警示员工并清点人数：离开硫化氢或二氧化硫源，撤离受影响区域；戴上合适的个人正压式空气呼吸器；警示其他受影响的人员；帮助行动困难的人员；撤离到指定的紧急集合地点；清点现场人数。

（2）采取紧急措施控制已有或潜在的硫化氢或二氧化硫泄漏并消除可能的火源。必要时可启动紧急停工程序以扭转或控制非常事态。如果要求的行动不能及时完成以保护现场作业人员或公众免遭硫化氢或二氧化硫的危害，可根据现场具体情况，采取以下措施：

①直接或通过当地政府机构通知公众，该区域井口下风方向 100m 处的硫化氢或二氧化硫浓度可能分别超过 $75mg/m^3$（50ppm）和 $27mg/m^3$（10ppm）。

②进行紧急撤离。

③通知电话号码单上最易联系到的上级主管。告知其现场情况以及是否需要紧急援助。该主管应通知（直接或安排通知）电话号码单上其他主管和其他相关人员（包括当地官员）。

④向当地官员推荐有关封锁通向非安全地带的未指定路线和提供适当援助等作法。

⑤向当地官员推荐疏散公众等作法。

⑥若需要，通告当地政府和国家有关部门。

⑦监测暴露区域大气情况（在实施清除泄漏措施后）以确定何时可以重新安全进入。

（3）在出现另外的更为严重的情况时，立即行动计划应做更改，以使之适应。某些行动，特别是涉及公众的行动，应该同政府官员协商。

3. 电话号码和联系方式

作为应急预案重要的一部分，宜准备一份应急电话号码表，以便出现硫化氢或二氧化硫紧急情况时与以下单位联系：

（1）应急服务：救护车、医院、医生、直升机服务、兽医。

（2）政府组织：地方应急救援委员会、国家应急救援中心、消防部门、其他相关政府部门。

（3）生产经营单位和承包商：生产经营单位、承包商、相关服务公司。

（4）公众。

4. 附近居民点、商业场所、公园、学校、宗教场所、道路、医院、运动场及

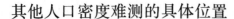

其他人口密度难测的具体位置

5. 撤离路线和路障的位置

6. 可用的安全设备(呼吸装备的数量及位置)

(二)硫化氢和二氧化硫的特性

参见"第一章 硫化氢的危害"中相关内容。

(三)设备设施概况

设施描述、地图、图纸、装置、注水站、井、油罐组、天然气处理装置、管线、压缩设备等。

(四)培训和演练

(1)基本人员的职责。

(2)现场和课堂训练。

(3)告知附近居民在紧急情况下的适当保护措施。

(4)培训和参加人员的文件记录。

(5)告知当地政府有关疏散或就地庇护所等的要点。

三、应急预案的更新

应急预案应定期检查,并在其规定条款和范围变化时随时更新。

操作者应对变化具有敏锐的观察力,这些变化会导致对应急预案内容的重新考虑和可能的修订,如计划覆盖范围、改变监测设备的安装位置和油田设备的位置。有些变化是应特别注意和考虑的,如新的居民住宅区、商店、公园、学校或道路,还有油气井操作和矿场装置的变化等。

思考题:

1. 结合单位实际,分析集输场站气防器具配备情况。

2. 简述应急预案的主要内容,并结合单位实际,如何提高应急预案的针对性和实用性。

附:事故案例

1982 年 10 月 17 日,位于加拿大阿尔伯塔省洛基山脚下的 LODGEPOLE 村庄的一口含硫化氢 25％的气井发生井喷,引发的大火一直断断续续燃烧了 67 天。期间,两名由美国得克萨斯请来援助的井控专家死于硫化氢中毒。硫化氢中毒事件的原因仍然是由于防护不当而导致惨剧发生。

因此,以下列举了四个事故案例,希望从中得到足够的经验和教训。

一、清理水池硫化氢中毒事故

1998 年 10 月 1 日 13:45,常熟市某集团公司污水处理站在对清水池进行清理时发生硫化氢中毒,死亡 3 人。

(一)事故经过

公司技术发展部 1998 年 9 月 28 日发出节日期间检修工作通知,其中一项任务就是要求污水处理站宋某和周某,再配一名小工于 10 月 1 日～10 月 3 日进行清水池清理,并明确宋某全面负责监护。10 月 1 日上午,宋某等 3 人完成清理气浮池后,13:00 左右就开始清理清水池。其中一名外来临时杂工徐某头戴滤毒罐式防毒面具下池清理。约在下午 13:45,周某发现徐某没有上来,预感情况不好,当即呼救。这时二名租用该集团公司厂房的个体业主施某、邵某闻声赶到现场。周某即下池营救,施某与邵某在洞口接应,在此同时,污水处理站站长宋某赶到,听说周某下池后也没有上来,随即下池营救,并嘱咐施某与邵某在洞口接应。宋某下洞后,邵某跟随下洞,并站在下洞的梯子上,上身在洞外,下身在洞口内。当宋某挟起周某约离池底 5cm 高处,叫上面的人接应时,因洞口直径小(0.6m×0.6m),邵某身体较胖,一时下不去,无法接应,随即宋某也倒下。邵某闻到一股臭鸡蛋味,意识到可能有毒气。在洞口边的施某拉邵某一把说:"宋刚下去,又倒下,不好! 快起来!"邵某当即起来,随后报警"110"。刚赶到现场的公司保卫科长沈某见状后即报警"119",请求营救,并吩咐带空气呼吸器。4~5分钟后,消防人员赶到,救出三名中毒人员,急送常熟市第二人民医院抢救。结果,抢救无效,于当天14:50三人全部死亡。

(二)事故教训

(1)在清水池内积聚大量超标的硫化氢气体而又未做排放处理的情况下,清理工未采取切实有效的防护用具,贸然进入池内作业,引起硫化氢气体中毒,这是事故发生的直接原因。

(2)清洗清水池的人员缺乏硫化氢防护知识,对池内散发出来的有害气体危害的严重性认识不足,违反公司制定的清洗清水池的作业计划和操作规程,没有确认有无有害气体的情况下,人员就下池清洗,结果造成中毒。职工救护知识缺乏,当第一个人下池后发生异常时,第二个人未采取有效的个体防护措施贸然下池救人。更为突出的是,当两人已倒在池内,并已闻到强烈的臭鸡蛋味时,作为从事多年清理工作的污水处理站站长,竟然也未采取有效个体防护措施,盲目下池救人,使事态进一步扩大,造成三人死亡。公司和设备维修工程部领导对清水池中散发出来的气体性质认识不足,不知其危害的严重性,同时对职工节日加班可能会出现违章作业、贪省求快的情况估计不足,更没有意识到违章清池可能造成的严重后果,放松了教育和现场监督。事故当天,气温较高(31℃),加速池内硫化氢挥发,加之池子结构不合理(长8.3m,宽2.2m,深2m,且封闭型,上面只留有0.6m×0.6m的洞口和在边上留有的进出口管道),硫化氢气体无法散发,造成大量积聚。

(3)要切实加强对安全生产工作的领导,健全各项安全规章制度,修改和完善清理清水池安全操作规程。全面落实各级安全生产责任制,严格考核。

(4)加强对职工安全生产教育与培训。重点要突出岗位安全生产培训,使每个职工都能熟悉了解本岗位的职业危害因素和防护技术及救护知识,教育职工正确使用个体防护用品,教育职工遵章守纪。

(5)强化现场监督检查。凡是临时做出的生产、检修计划,必须制订安全措施、强化现场监督,明确负责人和监护人,严格按计划和规程执行。

(6)企业要添置必要的检测仪器,进入管道、密闭容器、地窖等场所作业,首先了解介质的性质和危害,对确有危害的场所要检测、查明真相,加强通风置换,正确选择、戴好个体防护用具,并加强监护。

二、某气矿硫化氢中毒事故

(一)事故经过

2008 年 8 月 5 日,某气矿天然气净化厂 $50 \times 10^4 m^3/d$ 净化装置(引进设备)开始停产大修。吸收塔塔盘经过水洗并用压缩空气对塔内有害气体进行置换后,8 月 8 日 10:00 从塔顶取样分析硫化氢含量为 $14.51 mg/m^3$;8 月 9 日 8:30 再次取样分析,硫化氢含量为 $3.66 mg/m^3$,符合工业企业设计卫生标准(最高容许浓度为 10ppm),再由杨某将活鸡、活兔放入塔内进行动物活性试验,一切正常后,于当日 16:00 清洗完毕。

8 月 10 日 8:10,引进车间副主任任某和班长王某上吸收塔检查验收塔内清洗质量,发现第八层未洗干净,塔底有淤泥,安排刘某进塔清除。由于王某检查 3/4 胶皮管从富液出口引入压缩空气的情况,确认了压缩空气阀门已开,由大班长魏某向刘某交代安全注意事项。9:00 刘某进入塔底并清除淤泥 6 桶,由杨某在塔内上部监护,任某、胡某在塔外上部入孔平台处监护。9:30 清渣结束。刘某出塔后,任某用水冲洗塔底,直到出水干净。10:10 由杨某进入塔底去检查清洗的情况,胡某负责监护,以喊话和拉绳子的方式传递信号。10:10 喊话联络无应答,胡某便下去查看情况,这时由任某和刘某监护。10:15 左右,胡某和监护人任某喊话联络中断,任某迅速通知地面人员组织抢救。

任某带防毒面罩到塔底,发现杨某侧倒,脸朝下,接触塔底积水,胡某靠塔壁,任某将杨某扶正,用手卡二人的人中穴急救,并用塔顶吊下的一具氧气呼吸器给胡某戴上,因塔底蜷曲两人,空间十分狭小,无法再吊入氧气呼吸器给杨某,任某立即用塔上放下的绳子套住胡某,塔外人员立即向上拉,但中途滑脱。现场立即派潭某入塔参与抢救,11:20 救出胡某,现场医生立即进行输液,并同时送急救中心。

救出胡某后,陈某立即穿戴防毒面罩到塔底查看,发现杨某头部有血,肢体发凉,陈某随即出塔,12:30 杨某被救出,此时已无心跳和呼吸,现场抢救 25 分钟,然后送市急救中心,经心肺脑等抢救约 40 分钟无效死亡。

(二)事故原因

1. 直接原因

刘某清渣后,任某用水冲洗塔底,由于仪表风胶管口淹没入水里,水的飞溅和空气吹动,造成塔底剩余残渣夹带硫化氢,并迅速释放而积聚塔底,引起塔底硫化氢浓度迅速升高,导致两人死亡的事故。

2. 间接原因

（1）现场存在违章作业：一是冲洗后塔内环境作业条件发生改变，未对塔内硫化氢浓度重新检测，致杨某进入底层作业时中毒；二是杨某塔内作业未佩戴防毒用品，随后监护人胡某也未佩戴防毒用品，造成本人中毒，增加了施救难度，延误了施救时间。

（2）现场检修人员对引进设备资料消化不全，对吸收塔下部的分离器设置有内入孔的结构认识不清，作业中未及时打开内入孔，导致塔内通风不良，施救困难。

（3）管理上的原因

①安全意识淡漠。净化厂建厂后多年无事故，致使领导思想麻痹，工作不扎实，放松了安全警惕，表现在对装置大修的组织不力，大修的项目组和领导小组成员多数不在现场组织指挥，没有严格按 HSE 管理体系要求进行项目作业；拟订的应急方案未经厂级讨论和修改，也未送矿主管部门审核批准，有的条款无操作性，施工作业方案存在错误的地方。

②大修的组织管理不善。本次大修，油气矿、净化厂及引进车间虽然均成立了项目组或领导小组，但涉及人员要么不能有效履行职责，要么同一人在不同文件中有不同的职责，形成职责交叉。

③安全职责不落实。在油气矿《关于成立净化厂50万装置大修的项目组》的文件中，对质量、成本、效益提出了要求，但未明确安全控制措施。净化厂在成立相应的大修领导小组时，仍然未落实安全责任人，致使50万装置大修的作业中安全责任不落实。

④职能部门监管不力。油气矿开发部对净化厂大修的过程控制不力，对大修方案和技术措施审查不细，存在错漏；安全技术环保部对项目大修监管不到位，未实行有效监督。

三、某天然气净化厂硫化氢中毒事故

（一）事故经过

2003 年 1 月 11 日 1:36，某天然气净化厂净化工段当班负责脱硫脱水装置操作的副班长阳某，在中心控制室内看见尾气处理单元低位池蒸气阀门。1:45 该班负责硫黄回收和尾气处理单元的副班长李某到现场巡检时，发现肖某扑在尾气处理单元溶液补充罐平台护栏上，且呼叫不应，判断已中毒，立即就近用现场广播电话向班长报告，班长立即组织班员将中毒员工抬到现场值班室进行急救，经厂、县、市医院抢救治疗后恢复。

(二)事故原因分析

1. 直接原因

操作工肖某未遵守《防硫化氢中毒安全预案》,未佩戴必要的防护器具,未佩戴硫化氢报警仪,在无人监护的情况下进入危险区域作业,因吸入硫化氢气体而导致中毒。

2. 间接原因

(1)2002 年 12 月 21 日净化厂的装置大修基本结束,提前开产,在向脱硫系统打入溶液,脱硫单元溶液补充泵电机发生故障不能在短时间内修复。为保证按时开产,净化分厂采取了脱硫单元溶液补充罐中溶液由潜水泵→消防水带→尾气处理单元溶液补充罐→尾气处理单元溶液补充泵→消防水带,最后打入脱硫系统的临时措施。装置开产后,在脱硫单元溶液补充泵电机尚未修复的情况下,在清洗富液过滤器时,排到脱硫单元溶液补充罐的溶液仍然采取与上述相同的临时措施,比空气重的硫化氢气体从溶液中解析出来后沉积在坑池内。

(2)相关管理人员在生产工艺流程发生重大变更时,对可能存在的危险因素没有引起足够的重视,也未执行 HSE 管理体系文件中的《变更管理程序》。

(3)相关操作人员对现场硫化氢报警仪 28 分钟报警,未进行及时报告和处理。

(三)事故教训及防范措施

(1)严格贯彻执行岗位责任制,安全生产责任制,工艺纪律和各项规章制度,加大监督检查力度。

(2)严格工艺装置检修验收程序和投产程序及工艺变更审批程序。

(3)对天然气净化过程中各种危险源进行全面识别和控制。

(4)加强员工培训,提高员工的技术素质和安全意识。

四、某企业清理暗井硫化氢中毒事故

(一)事故经过

2002 年 6 月 6 日,某企业 A 根据与当地某企业 B 签订的《临时用工协议》,由当地某企业 B 安排三名员工在装置区清理排污暗井(半径 0.7m,井深 1.3m)底部污泥时,由于搅动暗井底部污泥,使硫化氢气体溢出,造成一名民工在暗井内轻度中毒。

(二)事故原因分析

1. 直接原因

该名民工未佩戴任何防护器材,长时间在暗井内作业,因吸入含硫化氢的空气而轻度中毒。

2. 间接原因

(1)对暗井底部污泥中的有毒气体危害性认识不够,污泥搅动后溢出有毒气体沉积在暗井底部。

(2)未按照《进入有限空间作业管理规定》采取控制措施,在施工作业工程中没有落实人员进行现场监护。

(三)事故教训及防范措施

(1)加强对外来施工人员的安全教育,对具体施工项目双方应进行安全技术交底。

(2)在坑、沟、池和封闭容器等有限空间内作业时必须严格执行《进入有限空间作业管理规定》。

(3)加大对施工作业现场的安全监督管理,及时发现问题,纠正"三违"行为。

主要参考文献

[1]李俊荣,左柯庆,刘祥康等.含硫油气田硫化氢防护系列标准宣贯教材.北京:石油工业出版社,2006

[2]何生厚等.高含硫化氢和二氧化碳天然气田开发工程技术.北京:中国石化出版社,2009

[3]汪东红,李宗宝.硫化氢中毒及预防.北京:中国石化出版社,2008